バリア技術

基礎理論から合成・
成形加工・分析評価まで

Barrier Technology

バリア研究会 [監修]
永井一清 [編著]

共立出版

執筆者一覧

狩野 賢志	富士フイルム株式会社	(2.4.1, 2.5.1, 2.5.2)
岸本 好弘	大日本印刷株式会社	(2.2.1, 2.2.2)
黒田 俊也	住友化学株式会社	(3.2.1, 3.2.2)
小林 理規	荒川化学工業株式会社	(3.1.3, 3.1.4)
小松 弘幸	株式会社三井化学分析センター	(4.1.1, 4.2.4)
佐藤 修一	東京電機大学 工学部	(2.1.1, 2.1.2, 2.2.3, 2.2.4, 3.1.1, 3.1.2, 4.2.7)
竹平 和幸	株式会社三井化学分析センター	(3.2.3, 3.2.4)
永井 一清	明治大学 理工学部	(第1章, 4.2.1)
中島 恵理美	藤森工業株式会社	(3.3.3, 3.3.4, 4.1.5)
平田 雄一	信州大学 繊維学部	(2.3.1〜2.3.8)
馬路 哲	住ベリサーチ株式会社	(4.2.5)
宮嶋 秀樹	株式会社三ツワフロンテック	(4.1.6, 4.2.6)
山岸 直道	バリア研究会 顧問	(3.3.1, 3.3.2, 4.2.2, 4.2.3)
山田 泰美	日東電工株式会社	(2.4.2, 3.3.5, 4.1.4)
行嶋 史郎	株式会社住化分析センター	(4.1.2, 4.1.3)

(五十音順, 所属は執筆時, カッコ書きは執筆箇所)

まえがき

　本書は,"バリア技術"の初めての教科書である.当初は"バリア学"と名付けたかったが,学問領域としては様々な分野にまたがり一つの分野として社会的に認知されていないため,命名は時期尚早と判断した.

　バリアは,裏方の技術である.様々な産業の縁の下の力持ちの存在である.裏方ゆえに花が無く,技術領域としても学問領域としてもまとまりを欠くものであった.バリア産業は時流に流されることなく常に活性化しているが,バリアフィルム,バリア容器,封止材・シーリング材等,技術分野や学術分野が独立して発展してきた歴史のためであろうか.

　バリア技術を教えている大学や大学院は稀である.大学生や大学院生だけでなく社会に出てから初めてバリア性を勉強する方々でも,一週間,本書を用いて集中して勉強すれば基礎がわかるように構成している.

　まず第1章では,バリア技術の概論を,同分野の歴史も含めて整理している.本章を熟読すればバリア技術の全体像がわかる.第2章ではバリア性の理論を,続く第3章ではバリア材料の合成と成形加工を,そして第4章ではバリア材料の分析評価についてまとめている.読者が各節ごとに理解しやすいように説明を重複させている箇所をつくっている.

　本書のような包括した内容は,教科書としてだけでなく,化学,電機・電子,食品,医療・医薬品,エネルギー,輸送,建築,プラント,分析等の各産業の情報源として有用である.知りたいことがあったときに,どこをどの様な観点から調べれば良いのかがわかる,いわゆる参考書としても活用できる.本書がバリア技術の研究者・技術者に何かしらのお役に立つことを切に願っている.

　最後に,本書の出版にご尽力いただいた執筆者の方々,貴重な資料をご提供下さった方々,そして共立出版株式会社の日比野元氏に心から御礼申し上げる.

2014年2月

編著者

永井 一清

目 次

第1章 バリア技術概論　　1
- 1.1 バリア技術とバリア産業　　1
- 1.2 バリア性の定義と関連用語　　2
- 1.3 バリア技術の歴史　　5
- 1.4 バリア性の理論　　11
- 1.5 高分子の合成　　12
- 1.6 高分子の性質　　13
- 1.7 バリア材料の成形加工法　　14
- 1.8 バリア材料の分析評価　　15
- 参考文献　　16

第2章 バリア性の理論　　17
- 2.1 物質移動の分類　　17
  - 2.1.1 ガスと蒸気の定義　　17
  - 2.1.2 多孔材と非多孔材　　18
- 2.2 多孔材中の物質移動　　20
  - 2.2.1 Poiseuille 流れと Knudsen 流れ　　20
  - 2.2.2 表面拡散　　25
  - 2.2.3 複合流れ　　27
  - 2.2.4 毛管凝縮　　29
- 2.3 非多孔材中の物質移動　　32
  - 2.3.1 非多孔材における物質移動の駆動力　　32
  - 2.3.2 Fick の法則　　34
  - 2.3.3 非定常状態と定常状態　　37
  - 2.3.4 溶解拡散機構　　42
  - 2.3.5 溶解性　　48

         2.3.6 拡散性 54
         2.3.7 温度依存性 62
         2.3.8 結晶化度の影響 68
   2.4 多層材中の物質移動 70
         2.4.1 有機層と有機層 70
         2.4.2 有機層と無機層 73
   2.5 複合材中の物質移動 78
         2.5.1 有機相と有機相 78
         2.5.2 有機相と無機相 80
   参考文献 81

第3章 バリア材料の合成と成形加工   83
   3.1 高分子の合成 83
         3.1.1 合成法の分類 83
         3.1.2 連鎖重合 85
         3.1.3 逐次重合 96
         3.1.4 高分子反応 100
   3.2 高分子の性質 104
         3.2.1 高分子の構造 104
         3.2.2 高分子の分類と特徴 106
         3.2.3 熱特性 109
         3.2.4 粘弾性 115
   3.3 成形加工法 122
         3.3.1 成形加工法の分類 122
         3.3.2 押出成形 127
         3.3.3 射出成形 132
         3.3.4 ブロー成形 134
         3.3.5 薄膜の形成 137
   参考文献 141

第4章 バリア材料の分析評価　　　　　　　　　　　　　　　143

- 4.1 分析評価法 143
  - 4.1.1 分析評価法の分類 143
  - 4.1.2 力学的測定 145
  - 4.1.3 熱的測定 150
  - 4.1.4 光学的測定 154
  - 4.1.5 電気的測定 157
  - 4.1.6 構造観察 161
- 4.2 透過度測定 166
  - 4.2.1 測定法の分類 166
  - 4.2.2 圧力法 168
  - 4.2.3 容積法 170
  - 4.2.4 キャリアガス法 171
  - 4.2.5 カルシウム法 180
  - 4.2.6 カップ法 185
  - 4.2.7 電極法 188

索　引　　　　　　　　　　　　　　　　　　　　　　　193

第1章　バリア技術概論

1.1　バリア技術とバリア産業

　バリア技術は，フィルム，ゴム，接着材，シーリング材，封止材，ボトル容器等の材料が，酸素や水蒸気などのガスや蒸気，また水などの液体を遮断する特性に関するものである．

　これまで，バリア材料開発とそれらのバリア性評価の検討は，1950年代から続く食品包装フィルムの分野で主に行われ，ペットボトル等のボトル容器へと展開されてきた（**表1.1**）[1]．2000年代に入った頃から有機ELや太陽電池などのフレキシブル基板にバリア性が求められるようになってきた．エレクトロニクス分野で必要とされるバリア性は，食品包装分野で求められるバリア性よりも数桁厳しいとされており，従来と違った視点でのハイバリア性に関する基礎科学と応用技術の構築が求められるようになった．逆に，これらが従来の食品，医薬品や電気電子部材などの包装分野の新しい展開の可能性を広げる相乗効果ももたらしている．さらに，有機ELや太陽電池などのデバイス全体として見た場合，フレキシブル基板だけでなく封止材にも同レベルのバリア性が要求されている．また，封止材を厚くしたシーリング材は土木・建材分野を中心に利用されており，ゼネコンや建築資材メーカーにとって建物の安全性に寄与する重要な材料である．シーリング材は，自動車等の安全性をになうオイルシールなどにも展開されている．

　使用される素材も，天然高分子や石油由来の合成高分子，植物由来の合成高分子と多岐にわたる．これらの素材を基として充填材等を添加したり多層化したりしている．この際には有機物だけでなく無機物も利用されている．

　上述したように幅広い産業分野で必要とされているバリア技術であるが，基礎は同じである．

表 1.1 バリア産業とバリア技術の利用例.

産業分野	利用例
包装	食品包装
	飲料品包装
	医薬品包装
	化粧品・トイレタリ包装
	家電・精密機器包装
エレクトロニクス	太陽電池
	有機 EL
	電子ペーパー
	液晶
	LED
自動車・鉄道	電子機器
	オイルタンク
	オイルシール
	床材
建築	シーラント
	床材
	配管設備

1.2 バリア性の定義と関連用語

バリア性の定義を考える．研究社リーダーズ英和辞典によると"barrier"は，"1. 棚，防壁，仕切り，境界（線）；国境のとりで，検問所，税関；（駅の）改札口（の柵）…中略），2.[fig.] 障壁，障害，妨げ…後略)"とある．岩波国語辞典によると，"バリア"というカタカナでの言葉は登録されていない．

バリア性 (barrier) は日常的に使用されている言葉であるが，国際純正・応用化学連合 (International Union of Pure and Applied Chemistry: IUPAC) や国際純粋・応用物理学連合 (International Union of Pure and Applied Physics: IUPAP) において専門用語 (Terminology) として定義付けされていない．国際標準化機構 (International Organization for Standardization: ISO) や国際電気標準会議 (International Electrotechnical Commission: IEC) においても本書で取り扱う分野の用語の定義付けはされていない．その一方で，世界知的所有権機関 (World Intellectual Property Organization: WIPO) の国際特許分類 (International Patent Classification: IPC) においては，エレクトロニクス関

表 1.2　ISO 472: 1999 (Plastics - Vocabulary) による用語の定義.

用　　語	定　　義
gas transmission rate	volume of gas which, under steady conditions, passes through a unit area of a specimen in unit time under unit pressure difference and at constant temperature NOTE: The rate depends on the thickness of the specimen.
permeability	property of a material of transmitting gases and liquids by passage through one surface and out at another surface by diffusion and sorption processes NOTE: Not to be confused with porosity.
porosity	property of a material that contains very fine continuous holes which allow passage of gases, liquids and solids through one surface and out at another surface NOTE: Not to be confused with permeability.

連分野において barrier という用語の顕著な使用が確認されている.

バリア性に関連する用語として，材料を表すフィルム (film)，ボトル (bottle)，接着材 (adhesive agent や glue)，シーリング材 (sealing agent) や，技法を表す封止 (encapsulation)，カプセル化 (encapsulation)，シーリング (sealing) 等がある．ここで，英語の encapsulation に関しては，医学分野での論文ではカプセル化という表現を，エネルギーや電気電子分野においては封止という表現を用いる傾向がある．前者では細菌や細胞，粉体や液状物質のカプセル化を，後者では原子力産業によるウラン等の核燃料材料や原子炉自体の封止，半導体産業のトランジスタの製品内での封止，ダイオードや抵抗器等の回路やその部品の封止を目的として同用語が使用されている.

ガラスや金属は完全なバリア性を有しているが，プラスチック等の有機材料はガス等を透過させてしまう．つまり有機材料におけるバリア性は，"低透過性" と言い換えることができる．実際，ISO ではバリア性を示す物性値として遮断した割合を示すバリア度ではなく透過度 (transmission rate) が使用されている (表1.2)．透過度が小さいものをバリア性が高いと表現している．IUPAC や ISO 等でバリア性 (barrier) という用語が定義されていなくても不都合を生じていない理由でもある.

フィルムを例にバリア性の考え方を図示すると図1.1 のようになる [2, 3]．す

3

第1章　バリア技術概論

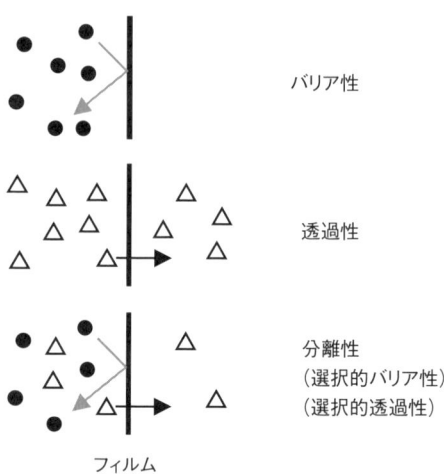

図 1.1　バリア性，透過性，分離性の概念図．

なわちバリア性は，特定の成分を遅く透過させる特性である．それとは対照的に特定の成分を速く透過させる特性は，透過性である．コンタクトレンズや人工肺に利用されている．各成分間に速度差があると分離特性が発現する．温室効果のある二酸化炭素の分離回収や水処理に利用されている．バリア性と透過性は，求められる特性が正反対である．分離性は，選択的バリア性もしくは，選択的透過性つまりバリア性と透過性の特性の総合である．各機能は異なるが，機能を発現させる特性，すなわちバリア性（低透過性），透過性（高透過性），分離性（選択性）は，全て材料と対象となる移動物質との相互作用に基づくものである．

本書では，バリア性とは，"フィルム，ゴム，接着材，シーリング材，封止材，ボトル容器等の材料が，酸素や水蒸気などのガスや蒸気，また水等の液体を遮断する特性"と定義する．厳密にいえば，測定温度，測定圧力においてその物質が安定に存在し得る状態が気体状態であるものを"ガス (gas)"，これが液体状態であるものを"蒸気 (vapor)"と呼ぶ．あえて区別する必要のないときには，"ペネトラント (penetrant)"という用語が用いられる．

ここで本書では，ガスと蒸気のバリア性に焦点をあてる．液体のバリア性は理論や材料設計法が異なるため，ページ数の制約もあり取り扱わない．

1.3 バリア技術の歴史

古くは縄文時代に土器のひび割れを補修するために漆が使われていた．これにより水漏れが防止でき水を溜めることができた．水を運んだり貯蔵したりする手段として容器が考え出された．その後の人類はガラスや金，銀，銅，鉄を使いこなしていった．バリア技術の歴史を**表1.3**にまとめる．

物質移動の現象は，1748年にNolletが豚の膀胱に半透性(semipermeability)があることを発見したことに始まる．19世紀に入り1803年にHenryが溶液に対するガスの溶解度が圧力に比例することを発見した．これが後に高分子に対して適用されていった．そして1829年にGrahamが豚の膀胱を炭酸ガスが透過することを，2年後の1831年にはMitchellがゴムを水素ガスが透過することを発見した．Goodyearのゴムの加硫法の発見（1839年）よりも前のことである．この頃から，細胞膜だけでなく天然高分子が研究に使用され始めた．1833年にはGrahamが微細孔中の混合ガスの速度比がガスの密度の平方根の逆数に比例するGrahamの法則を発表した．1838年にPoiseuilleが1839年にHagenが後のHagen-Poiseuille流れの現象を独立に発見していた．

1855年には，FickによりFickの法則が発表された．日本では，幕末にあたりペリーの黒船が来航（1853年）していた時代である．1866年にGrahamがゴムに空気を通す特性があり，さらに酸素と窒素の速度比が異なることを発見し，ガスの透過が溶解性と拡散性によるものと考察している．溶解拡散機構の考え方である．1879年にはvon Wroblewskiが，ガス透過量をHenryの法則に従う溶解度係数とFickの法則に従う拡散係数を用いて数学的に導いた．1884年にはArrheniusが，化学反応速度の対数と絶対温度の逆数と間に直線性があるArrheniusの式を発表した．1887年には，van't Hoffにより希薄溶液の浸透圧は絶対温度と溶液のモル濃度に比例するvan't Hoffの法則が導かれ，1901年にノーベル化学賞を受賞している．

19世紀の時代背景として，産業革命により欧米が豊かになっていた．1851年には第1回万国博覧会がロンドンで開催されるに至った．そして1881年にパリで開催された万国博覧会に併催された国際電気会議において電気記号であるV（ボルト）やA（アンペア）等が決定され，1906年にIECが発足した．IEC初代会長は，絶対温度の提唱者であるケルビン卿であった．1898年の米国におけるAmerican Society for Testing and Materials (ASTM)や英国での1901

表 1.3 バリア技術の歴史.

年代	事項
1748 年	Nollet が豚の膀胱に半透性があることを発見
1803 年	Henry が Henry の法則を発見
1829 年	Graham が豚の膀胱を炭酸ガスが透過することを発見
1831 年	Mitchell がゴムを水素ガスが透過することを発見
1833 年	Graham が Graham の法則を発見
1838 年	Poiseuille が Poiseuille 流れを発見
1839 年	Hagen が Hagen 流れを発見
1839 年	Goodyear がゴムの加硫法を発見
1851 年	第 1 回万国博覧会がロンドンで開催
1855 年	Fick により Fick の法則を発見
1866 年	Graham がゴムに空気の分離性があることを発見,溶解拡散機構の考え方を発表
1879 年	von Wroblewski が溶解拡散機構を数式化
1884 年	Arrhenius が Arrhenius の式を発表
1887 年	van't Hoff が van't Hoff の法則を発見
1881 年	国際電気会議(IEC の前身組織)がパリで開催,単位記号 V や A 等が決定
1898 年	ASTM 設立
1906 年	IEC 設立
1907 年	Baekeland が合成高分子(ベークライト)の合成に成功
1909 年	Knudsen が Knudsen 流れを発見
1917 年	Kober がコロジオンを水蒸気が透過することを発見
1920 年	Daynes が遅れ時間法を発表
1920 年	Staudinger が高分子説を発表
1921 年	工業品規格統一調査会が設置,JES 規格(JIS 規格の前身)発行開始
1926 年	ISA(ISO の前身組織)設立
1935 年	Carothers によりナイロンが合成
1937 年	Barrer により拡散係数の温度依存性が発見
1940 年	桜田によりビニロンが合成
1942 年	Flory-Huggins が高分子溶液論を発表,ゴム状高分子の収着理論の原形となる
1946 年	ISO 設立
1949 年	日本工業標準調査会(JISC)が設置,JIS 規格発行開始
1951 年	Crank と Park により異常拡散理論が発表
1953 年	透湿度測定法の初めての規格が ASTM から発表
1953 年	Ziegler がエチレンの重合触媒を発見
1954 年	Natta がプロピレンの重合触媒を発見
1954 年	米国ベル研究所で単結晶シリコン基板を使用した太陽電池が開発
1956 年	ガス透過度測定法の初めての規格が ASTM から発表
1956 年	Zimm と Lundberg が蒸気のクラスター化の考え方を発表

1957 年	Keller によりポリエチレンの単結晶が発見
1958 年	Barrer により二元収着理論が発表
1959 年	Cohen と Turnbull により拡散性の自由体積理論が発表
1961 年	藤田が自由体積理論を一般化
1963 年	Michaels が二元収着理論を一般化
1966 年	Alfrey が Case II 拡散の考え方を発表
1976 年	Paul と Koros により二元輸送理論が発表
1980 年	Thomas と Windle が Case II フロントの考え方を発表
1983 年	Stern により二元輸送理論に可塑化効果が導入され理論が拡張
1987 年	Tang が低分子 EL を開発
1990 年	Friend が高分子 EL を開発
2008 年	世界初となるバリア研究会が日本で創設

年の British Standards Institute (BSI) の設立が国際機関の設立を後押しした.

1907 年には,Baekeland が合成高分子の幕開けとなるベークライト(フェノール樹脂)の合成に成功した.日本プラスチック工業連盟は,この年をプラスチック元年と位置付けている.

1909 年には,Knudsen により微細孔中の混合ガスの速度比がガスのモル質量の平方根の逆数に比例する Knudsen 流れを発表した.これが後にフィルムの微多孔中の透過機構に対して適用されていった.

1917 年には,Kober がコロジオン(ニトロセルロースを主とする高分子)を水蒸気が透過することを発見した.コロジオンに水を入れて密閉していたところ水量が減少した現象から,液体の水の状態ではなく水蒸気の状態でコロジオンを抜けていったことを突き止めた.1920 年には Daynes により,von Wroblewski の式を基に拡散係数が遅れ時間法により導かれた.同じ年に Staudinger が高分子説を発表している.1937 年には Barrer により高分子中のガスの拡散係数の温度依存性が Arrhenius の式に従うことが発見され,1939 年に数式化された.同じ論文でガスの溶解度係数の温度依存性が van't Hoff の法則に従うことを報告している.

IEC 発足後,各国で国家標準化組織の設立が盛んになった.1917 年にドイツで Deutsches Institut fúr Normung (DIN),1918 年に米国で American National Standards Institute (ANSI),1926 年にフランスで Association Française de Normalisation (AFNOR) が設立された.そして 1926 年に ISO の前身となる International Federation of the National Standardizing Associations (ISA) が

設立され，第二次世界大戦後の 1946 年に ISO に移行された．

日本では，1921 年（大正 10 年）に，先進国フランスよりも早く JIS 規格の前身となる JES (Japanese Engineering Standards) 規格を発行する工業品規格統一調査会が設置され，1949 年に JIS 規格の発行元となる日本工業標準調査会 (Japanese Industrial Standards Committee: JISC) に移行された．

1935 年に Carothers によりナイロン（ポリアミド）の合成が，1940 年には国産合成高分子第 1 号となるビニロン（ポリビニルアルコールをアセタール化により水に不溶化させた高分子）が桜田により合成された．1953 年に Ziegler が，1954 年には Natta が Ziegler-Natta 触媒を発明し，高密度ポリエチレン等の合成を可能にした．1957 年には，Keller によりポリエチレンの単結晶が発見された．1950～1960 年代にかけて包装用途としてのポリエチレン，ポリ塩化ビニリデン，ポリ塩化ビニル，エチレンビニルアルコール共重合，ポリエチレンテレフタラート等が国内外で商業化された．

この頃までに，Barrer, Meares, Stannett らにより透過の基礎理論が構築されている．前述した Graham や von Wroblewski，Daynes までは高分子に対するガスの溶解を"吸収 (absorption)"ととらえていたが，Barrer らにより現在につながる"溶解性 (solubility)"や"収着 (sorption)"という用語が使用され始めた．高分子表面へのガスの"吸着 (adsorption)"と内部への"吸収 (absorption)"が区別できないことがわかり，両者をひとまとめにした"収着 (sorption)"という用語が用いられたのである．

1953 年には，同分野の初めての規格となる透湿カップ法が ASTM E96-53T (Tentative Method of Test for Measuring Water Vapor Transmission of Materials in Sheet Form) として発表された．ガス透過度においては，1956 年に低真空圧力法が ASTM D1434-56T (Standard Method of Test for Gas Transmission Rate of Plastic Sheeting) として発表された．

1951 年には，Fick の法則に従わない拡散挙動に対して，Crank と Park が異常拡散理論を提唱した．拡散性の自由体積理論は 1959 年に Cohen と Turnbull により提案され，1961 年に藤田により一般化された．1966 年には Alfrey が Case II 拡散の考え方を発表し，後に 1980 年の Thomas と Windle による Case II フロントの考え方に引き継がれた．

一方の溶解性の理論は，前述した Henry の溶解の法則にあてはまらない実験例が得られてきた．Flory と Huggins により 1942 年に独立に発表された高分

1.3 バリア技術の歴史

図 1.2 有機 TFT 駆動有機 EL ディスプレイの試作例（2007 年）．
（写真提供：ソニー株式会社）

子溶液論は，後に Flory-Huggins 理論としてゴム状高分子への溶解性へ展開された．1956 年には，Zimm と Lundberg により溶解に伴う蒸気のクラスター化の考え方が取り入れられた．また，Barrer は 1955 年にガスの収着量測定の装置を組み立て系統的な研究を始め，1958 年にガラス状高分子に対して二元収着理論を提唱した．これは 1963 年に Michaels により一般化された．そして，この理論を透過に取り入れた二元輸送理論が，1976 年に Paul と Koros により発表された．1983 年には Stern によりこの理論に可塑化効果が導入されて拡張されていった．

バリア材料としての包装材料は，フィルムからレトルトやボトル容器へと発展していった．電気電子分野にバリア性が求められるようになってきたのは 1990 年代後半頃である [3]．太陽電池や有機 EL のようなデバイスにフレキシブル基板，すなわちプラスチック基板を用いるようになってきてからである（図 1.2）．太陽電池の基本原理は今から 200 年程前に発見されていたが，実用化研究は 1954 年に米国ベル研究所で単結晶シリコン基板を使用した太陽電池が開発されてからである．さらに，産業として本格的に立ち上がってきたのは 21 世紀に入ってからである．有機 EL の研究自体はかなり古くからあるが，実用化を目指した本格的な研究は，低分子 EL に関しては 1987 年の Tang が，高分子 EL に関しては，1990 年の Friend の研究に端を発する．ともに歴史は浅い．

このようにバリア性の基本的な現象と基礎理論は 1960 年代までに構築され，それ以降は新しい材料や製造プロセス，そして用途の開発が盛んになっていった．

この間，バリア産業は，プラスチック産業，フィルム産業，化学工学産業，繊維産業，コンバーティング産業，分析機器産業等で独立して成長してきた．いまだにバリア性の評価用語と評価値の単位は，産業界により異なっている．また，英語表記と日本語表記が必ずしも対応しているわけではなく，一つの英語表記を意味する日本語表記が複数存在する場合もある．

透過度の規格にも歴史がある．ガス透過度の国内規格である JIS K7126 の解説によると，同規格が食品用包装フィルムのガスバリア性評価を念頭において制定されたことがわかる．しかし，その他の用途のプラスチックフィルムも同様の原理に基づいて評価することができる．古くは JIS Z1707 の差圧法（圧力法）で試験が行われていたが，酸素検出器を用いた等圧法の ASTM D3985 に準拠した試験も実施されるようになった．そのため，JIS Z1707 を ISO 2556 に整合させるとともに，ASTM D3985 の方法も取り入れて JIS K7126 が 1987 年に制定された．2003 年に，ISO 2556 に等圧法の規格が加味された ISO 15105 が規格化された．これを受け，2006 年に JIS K7126 が ISO 15105 と整合性をもつ内容に改正された．

水蒸気透過度の規格は，1976 年に JIS Z0208（カップ法）が制定されてから長らく改定の動きはなかったが，海外規格の感湿センサおよび赤外センサを使用する試験方法が国内商取引においても利用されていたことから，それらに準じる規格として 1992 年に JIS K7129 が制定された経緯がある．そして 2003 年に ISO15106 が規格化されたのを受け，2008 年に JIS K7129 が ISO 15106 と整合性をもつ内容に改正された．

IUPAC では SI 単位の使用が推奨されているが，産業界では旧来の透過度の単位を用いている．例えば，酸素等のガスは流量計を用いた差圧法の中の容積法で測定され始めた．単位時間あたりの流量を cc で得たことから，透過度は体積を表す $cm^3/(cm^2 \cdot s \cdot cmHg)$ が使用されており，現在もその名残が残っている．

また，水蒸気透過度は等圧法の中のカップ法で測定され始めた．カップの質量を天秤でグラム単位で何日もかけて測定していたことから 1 日あたりの質量増加を表す $g/(m^2 \cdot day)$ が単位として使用され始め，現在にまで通じている．種々のセンサを用いた測定においても，わざわざ透過量をグラムに変換している．また，温湿度を一定とした条件での等圧法での測定のため，分圧差の項は加えられていない．水蒸気透過度も差圧法で測定した場合は，その単位として圧力項が入った $cm^3/(cm^2 \cdot s \cdot cmHg)$ が使用されている．

1.4 バリア性の理論

面積 A のバリア材料を通しての単位時間あたりのガスや蒸気の透過量 Q を，透過流束 J (flux) という．単位は，物質量／（透過面積 × 時間）を示す mol/(m$^2 \cdot$ s)，cm^3/(cm$^2 \cdot$ s)，g/(m$^2 \cdot$ day) 等が使用されている．特に水蒸気や有機蒸気の場合，物質量としてグラム等の質量を用いる場合が多い．また水蒸気の場合，透過流束を水蒸気透過度 (WVTR: Water Vapor Transmission Rate) と呼ぶ場合もある．

$$J = \frac{Q}{A} \tag{1.1}$$

透過流束 J を単位圧力差（分圧差）$p_1 - p_2$ あたりの透過量に換算した透過度 (GTR) が用いられる．ここで，p_1 と p_2 は，それぞれ供給側と透過側のガスの圧力である．

$$\text{GTR} = \frac{J}{p_1 - p_2} = \frac{Q}{A(p_1 - p_2)} \tag{1.2}$$

これは，透過速度ともいわれる．英語では，Pressure normalized flux, Permeation rate, Permeance, Gas transmission rate と表現されている．透過度という用語が用いられているが，上述した水蒸気透過度 WVTR では圧力差（分圧差）の項が含まれていない点を注意する必要がある．単位は，物質量／（透過面積×時間×分圧差）を示す mol/(m$^2 \cdot$ s $\cdot$ Pa)，cm^3/(m$^2 \cdot$ day $\cdot$ atm)，cm^3/(cm$^2 \cdot$ s $\cdot$ cmHg) 等が使用されている．

また実験に供しているバリア材料が高分子非多孔材である場合，透過度 (GTR) に材料の厚さ l を換算した透過係数（透過率）P を用いて，高分子材料同士の透過性の比較に用いている．英語では，Permeability, Permeability coefficient と表現されている．

$$P = \text{GTR} \cdot l \tag{1.3}$$

バリア材料は非多孔材が用いられるが，欠陥・欠損部分は多孔材と見て取れる．多孔材中の物質移動は，孔径と経路により Hagen-Poiseuille 流れ，Knudsen 流れ，表面拡散，Knudsen 流れと表面拡散が共存した複合流れ，毛管凝縮が起こる．非多孔材は，高分子では溶解拡散機構に従う．物質移動が材料表面への溶解性と内部の拡散性に依存するという考えである．透過係数を P，溶解度係数を S，そして拡散係数を D と表記すると，次式のような関係が成り立つ．

$$P = S \cdot D \tag{1.4}$$

バリア性を高めるためには，材料の溶解度係数と拡散係数を小さくする必要があることがわかる．

溶解拡散機構は，Fick の法則を基礎としてゴム状高分子に対して Henry の法則に従う溶解性と濃度依存性が無い拡散に対して理論的に導かれたものである．溶解性が Henry の法則ではなく Flory-Huggins の法則を示すゴム状高分子もある．ガラス状高分子では二元収着型の溶解挙動をとる．また，Fick の法則に従わない non-Fickian 型拡散等の異常拡散挙動をとる高分子もある．

高分子材料の結晶内部は物質は溶解も拡散もできず，結果として結晶化度が増加するに従い透過性が減少する．バリア材料は高分子に有機もしくは無機の添加物を含有している．このような複合材において有機添加物の透過性が高分子よりも低ければバリア材料全体としての透過性は減少する．無機添加物は非透過と考えられるため，含有量の増加により透過性は減少する．透過物質の移動経路を長くすると拡散性の減少に伴い透過性が減少する．クレイ等の無機層状フィラーを配列したナノコンポジット化の考えである．

有機層と有機層からなるラミネート材や有機層と無機層からなる蒸着材のような多層材中の物質移動は，各層の透過性を加算してバリア材料全体の透過性を決める．無機材料は金属や金属酸化物からなるため，無機材料は非透過となる．しかし無機蒸着層には欠陥・欠損部が存在するため，前述した多孔材の透過挙動をとる．

1.5 高分子の合成

有機系材料の主となる素材は高分子である．低分子量（分子量が数百程度）の単量体 (monomer) を化学結合で連結させて高分子量（分子量が 1 万以上）の重合体 (polymer)，すなわち高分子を得る．この反応を重合という．重合反応は，連鎖重合と逐次重合（または非連鎖重合）の二つに分類される．

連鎖重合は，重合活性種の種類により，ラジカル重合，アニオン重合，カチオン重合，配位重合に分類される．これらの活性種は，それぞれ炭素ラジカル，カルボニウムイオン，カルバニオン，オレフィン錯体である．ラジカル重合により低密度ポリエチレンが，配位重合により高密度ポリエチレンが合成されて

いる．ポリプロピレン，ポリスチレン，ポリ塩化ビニル，ポリ酢酸ビニル，ポリアクリロニトリル等も連鎖重合で合成されている．このようにビニル基を有するモノマーの重合に利用されるが，酸素原子や窒素原子を主鎖中に有する環状化合物も連鎖重合で高分子が合成できる．これを開環重合といい，シリコーンゴムの原料となるポリジメチルシロキサンが合成されている．

逐次重合は，重縮合，重付加，付加縮合に分類される．ナイロンやポリエチレンテレフタラート，ポリカーボネートは重縮合で，ポリウレタンは重付加で，フェノール樹脂，エポキシ樹脂は付加縮合で合成されている．

得られた高分子を反応の出発原料とするのが高分子反応である．ポリ酢酸ビニルの側鎖から酢酸を脱離することによりポリビニルアルコールが合成される．ポリビニルアルコールの側鎖の一部をホルムアルデヒドでアセタール化するとビニロンとなる．また，ポリアクリロニトリルを高温で処理すると側鎖のニトリル基が互いに付加反応を繰り返し炭素繊維となる．ゴムの加硫も高分子反応を利用したものである．

1.6　高分子の性質

1本の高分子鎖の構造を一次構造，多数の高分子鎖が凝集した構造を高次構造という．高分子鎖は必ずしも線状の線状高分子とは限らず，線状高分子の両末端が結合した環状高分子や分岐構造をとる分岐高分子がある．一つの分岐点から高分子鎖が放射状に広がる星型高分子や，主となる高分子鎖から一定間隔で副となる高分子鎖がのびるくし型高分子は分岐高分子の一種である．分岐点が多く網目状に連結されているものはもはや分岐高分子とは呼べず網目状高分子となる．

高次構造において高分子鎖の凝集体が配列した結晶状態をもつものを結晶性高分子といい，結晶状態にならずに無秩序な凝集をしているものを非晶性高分子という（図1.3）．

低分子には固相—液相—気相からなる物質の三態が存在するが，高分子には気相がなく，固相—液相の二態からなる．高分子を加熱していくとガラス転移温度を挟んでガラス状態からゴム状態に変わる．さらに加熱していくと融点を挟み結晶構造が融解する．非晶性高分子にはこの融点はない．さらに過熱していくと溶融する．反対に温度を下げていくと結晶化が起こり，さらに冷却する

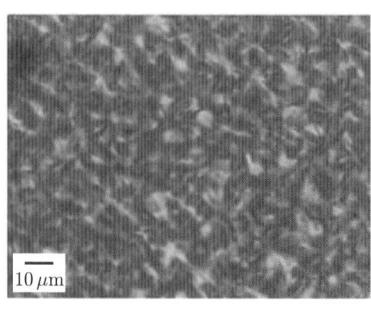 

図 1.3 ポリ乳酸の結晶構造の例（左図：偏光顕微鏡写真，右図：走査型顕微鏡写真）．

とガラス転移温度を挟んでゴム状態からガラス状態に変わる．高分子の熱特性を利用して後述する成形加工が行われている．

ゴム状態では必ずしもゴムボールが弾むようなゴム弾性を示すとは限らない．室温で高密度ポリエチレンはゴム状態であるが，高い結晶化度のためゴムというよりはプラスチックとしての特徴を示している．ゴム弾性は非晶性高分子がゴム状態でありかつ三次元架橋されている場合に生じる．ゴムの木のゴムの樹液を加硫により三次元架橋して初めて弾性体となる．三次元架橋されていない状態でも高分子鎖間のからみ合いが疑似的な架橋点となりゴム弾性を生じるときがある．しばらく変形させているとからみ合いが解けて弾性が失われる．弾性体と粘性体の両方の性質をもつことから粘弾性と呼ばれている．

1.7 バリア材料の成形加工法

高分子の分類の一つとして，熱可塑性樹脂と熱硬化性樹脂という大別がある．前者はガラス転移温度以上の温度の液状態で金型に入れ，冷却・固化させることにより製造され，後者はオリゴマーの状態で金型に入れ，加圧下で加熱して硬化（三次元架橋）させて製造される．それぞれ熱に対して可逆的に溶融と固化を繰り返すことができる性質と，加熱して硬化させた樹脂となり加熱で再び溶融することはない性質を利用したものである．バリア材料は高分子単独ではなく有機物や無機物の添加物が加えられている．

成形加工法は押出成形法と射出成形法に大別される．押出成形法は，溶融した原料を型 (die) から押し出して成形する．型が T の字になっている T ダイ法

図 1.4　ロール状のプラスチックフィルムの例.　　図 1.5　ペットボトルの例.

や環状ダイを用いるインフレーション法がある．ともにフィルム製造に用いられる（図 1.4）．ラミネーションによる多層フィルムも製造できる．

　射出成形法は，溶融した原料を金型内に射出充填して成形する．プリンの容器等の口の大きい容器の製造に利用される．ペットボトル等の口の小さな容器はブロー成形で製造される（図 1.5）．押出成形法や射出成形法でパリソンと呼ばれるチューブ状の中間体を作製し，これを金型に入れチューブ内部に空気を吹き込み膨らませて金型に押しあて目的の形状にするものである．

　材料の表面処理や薄膜形成として蒸着法が用いられており，物理蒸着と化学蒸着に大別される．後者の内，化学気相蒸着 (Chemical Vapor Deposition: CVD) は，薄膜化のための成分を含む原料ガスを供給して目的物の表面に堆積させる方法である．

1.8　バリア材料の分析評価

　高分子の熱的性質の中でガラス転移，結晶化，融解の各挙動は示差走査熱量測定で観察できる．また高分子の分解特性は熱重量測定で示せる．両測定で添

加物の挙動もわかる．

　バリア材料の力学強度測定で，引張強さ，伸び，衝撃強さ等がわかる．光学的測定では光線透過率，ヘイズ，光沢度，屈折率等が決定される．電気的測定からは，電気伝導度，誘電率，静電気等の値が決定される．バリア材料は均一構造とは限らないため微細構造の観察が行われる．これには，走査型電子顕微鏡，透過型電子顕微鏡，原子間力顕微鏡等が利用される．

　透過度測定は，差圧法と等圧法の二つに大別される．それぞれ，測定試料を挟んで系全体の圧力が異なる場合と同じ場合である．等圧法の場合でも，測定物中の目的とする成分の分圧差（濃度差）を駆動力として利用している．差圧法は，さらに圧力法と容積法の二つに分類できる．それぞれ透過に伴う透過側圧力の増加と透過量そのものを測定する方法である．等圧法では，測定試料の片面から測定物を供給して，その反対側にはキャリアガスを流しておき，透過物量を各種センサで検出する．カップ法，カルシウム腐食法，電極法も等圧法である．

参考文献

[1] 永井一清ら（編）：「最新バリア技術―バリアフィルム，バリア容器，封止材・シーリング材の現状と展開―」（シーエムシー出版，2011）．
[2] 永井一清（編）：「気体分離膜・透過膜・バリア膜の最新技術」（シーエムシー出版，2007）．
[3] 高分子学会（編）：「最先端材料システム One Point 6 高分子膜を用いた環境技術」（共立出版，2012）．

第2章 バリア性の理論

2.1 物質移動の分類

2.1.1 ガスと蒸気の定義

　バリア材料において，そのバリアの対象となるのは主に酸素と水蒸気である．一般には，酸素は"気体＝ガス (gas)"として，水蒸気は"蒸気 (vapor)"として区別されている．バリア材料を設計するにあたり，酸素や水蒸気でそのバリア性は異なるため，その分類について理解する必要がある．

　物質の三態で定められている気体，液体，固体の中で，酸素と水蒸気は熱エネルギーでは両者とも気体の状態である．気体は三態の中でも最も集合状態の粗なものをいい，一定の形状をもたない．分子の集合状態が粗であることから，分子間相互作用も小さい．どんな物質でも高温になると気体となる．物理や化学の分野では，蒸気もガスとほぼ同じ意味で使用されている．

　国連勧告として出された"化学品の分類および表示に関する世界調和システム (GHS)"[1] にも，ガスは 50°C で 300 kPa 以上の蒸気圧を有する物質，または 101.3 kPa の標準気圧，20°C において完全にガス状である物質をいう．一方，蒸気は液体または固体の状態から放出されたガス状の物質または混合物として定められている．

　GHS の表記に基づくと，ガスと蒸気は臨界温度によって区別することができる．ガスはその温度が臨界温度よりはるかに高い状態のものとし，蒸気とはその温度が臨界温度より低く飽和状態であるか，それに近い状態のものである．つまり，臨界温度が高いものは常温常圧で液体か固体でしか存在できない．そこから放出されたガスは"蒸気"となる．一方，臨界温度の低いものは常温常圧において完全にガス状であるため"ガス"となる．簡単にいえば，常温常圧において気体であるものは"ガス"とし，同じく常温常圧で固体あるいは液体であるものが，気化した状態であるものが"蒸気"である．

例えば，水蒸気の場合，臨界温度は 374.14 °C[2] であるため，そのガスは蒸気ということになる．一方，酸素の場合，臨界温度は −118 °C[2] であるので，それはガスとして区別される．この臨界温度は物質の凝集性の目安になるパラメータの一つでありバリア性に寄与する物質の移動に大きく影響を与える．

2.1.2 多孔材と非多孔材

バリア性とは"ガスの透過の遮断性"の意味で用いられている．つまり，バリア材料が低分子，特にガスや蒸気を透過あるいは移動させない性質のことをいう．バリア性は透過度で表されているため，バリア性と逆の性質である透過性のメカニズムを理解する必要がある．

高分子フィルムに限らず大きさをもった物質が固体のフィルム中を透過するには孔の存在が必要である．バリア性の高いバリア材料は"非多孔材"といわれる．一方，これに対応するものに"多孔材"と呼ばれるものがある．多孔材の孔の大きさは国際純正応用化学会 (IUPAC) によれば，孔径が 500 Å 以上の場合はマクロ孔，500～20 Å ではメソ孔，20 Å 以下の孔はミクロ孔と定義されている [3]．また研究者によっては 14～20 Å の孔を超ミクロ孔，5 Å 以下の孔をウルトラミクロ孔と呼ぶ場合がある．バリア性の高い高分子フィルムでは He のような小さい原子でもその透過性が小さいから，ウルトラミクロ孔レベルの孔が存在してバリア性の発現となる．それぞれの孔径において，ガスの透過メカニズムは異なる．

多孔材，非多孔材におけるガス透過の概念を**図 2.1** に示す．多孔材として孔が大きすぎると，どのガス分子も孔を素通りしてしまう (Case I)．徐々に孔が小さくなるにつれて Poiseuille 流れ (Case II)，Knudsen 流れ (Case III)，表面拡散機構 (Case IV)，毛管凝縮機構 (Case V)，分子ふるい機構 (Case VI) へと変化するといわれている．一方，非多孔材の透過は溶解拡散機構 (Case VII) に基づくものである．

気相に存在するガス分子は熱運動速度で飛行しており，平均自由行程 λ の距離毎に分子同士で衝突を繰り返している．λ は互いのガス分子同士で妨害されることなく進むことのできる距離の目安となる．孔のサイズが λ より 5 倍程度大きい場合は，気相中のガス分子同士の衝突が支配的な Poiseuille 流れであり，ガス分子はお互いに衝突を繰り返しながら孔内を圧力勾配に従って移動する．

孔のサイズがより小さくなり，λ と同程度になってくると，ガス分子の衝突

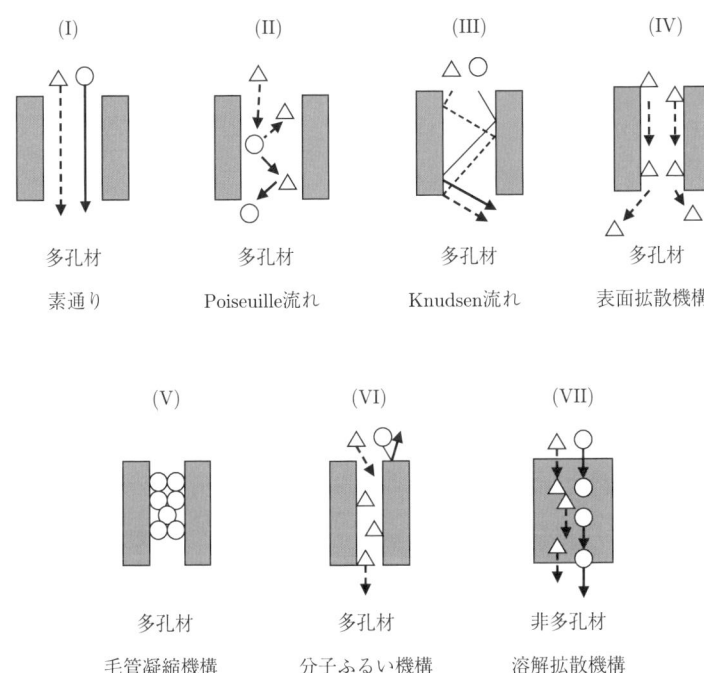

図 2.1 多孔材と非多孔材によるガス透過機構.

よりも孔壁との衝突が支配的な Knudsen 流れになってくる.

また，この孔サイズになってくるとガス分子が細孔表面に吸着し，吸着層内部での吸着量勾配により孔を透過していく表面拡散が寄与することになる．加えて，凝集性の強いガス分子や蒸気の場合，孔内に分子が凝縮し閉塞しながら透過する毛管凝縮も起こり得る．

多孔材の場合，その孔径によって，Knudsen 流れ，表面拡散，毛管凝縮が起こる場合もある．Knudsen 流れと表面拡散は並行して起こっており，非凝縮性のガスでは Knudsen 流れが支配的である．凝縮性のガスでは表面拡散が支配的であり，条件によっては毛管凝縮が起こることもある．

孔サイズがさらに小さくなりガス分子の大きさ程度になると分子ふるい作用が起こる．小さなガスのみが選択的に孔を透過することができる．孔ではなく熱振動により瞬間的に形成される高分子鎖間隙を通ることバリア性の高い高分子フィルムによる透過は，溶解・拡散機構で考えられている．この場合，貫通

孔が開いていないということから，非多孔材と考えられている．ガスの直径は，約 2〜5 Å である．形成される高分子鎖間隙も同程度の大きさである．

2.2 多孔材中の物質移動

2.2.1 Poiseuille 流れと Knudsen 流れ

細孔内でのガス分子の衝突は，それが分子同士によるものが主か，あるいは分子と細孔壁によるものが主かによってその挙動は大きく異なる．あるガス分子が他の分子と衝突することなく移動できる平均の距離を平均自由行程 (mean free path) と呼ぶ．

ガスは多数の分子の集まりで，それぞれが分子の種類（分子量）と温度で決まる平均速度で自由に飛び回っている．分子の平均速度が Maxwell 速度分布に従うとき，温度 T [K] で熱平衡状態にあるガスの平均自由行程 λ [m] は，圧力 p [Pa]，分子直径 d [m]，Boltzman 定数 k [J/K] とすると次式が成り立つ．

$$\lambda = \frac{kT}{\sqrt{2}\pi d^2 p} \fallingdotseq \frac{3.11 \times 10^{-24}}{d^2 p} T \tag{2.1}$$

ここで，$T = 300$ [K]，ガス分子を窒素とすると，窒素の分子直径 $d = 0.37$ [nm] であるから

$$\lambda = \frac{6.8 \times 10^{-3}}{p} \tag{2.2}$$

で表される．圧力が高い状態では分子同士の衝突が支配的であるが，式 (2.2) に示されるように，圧力を下げていくと平均自由行程は大きくなり，分子と細孔壁の衝突が支配的となる．

細孔内径を d_i [m] としたとき，$K_\mathrm{n} = \lambda/d_i$ となる無次元数を Knudsen 数と定義する．平均自由行程が小さく細孔内径が大きい場合は分子同士の衝突が頻繁に起こり，また壁面との衝突回数が減るために，運動量・エネルギーが平均化されている状態，あるいは空間的に連続の状態であるので，分子全体をつながりのあるもの，すなわち，連続体としての扱いになる．一方，平均自由行程が大きく細孔内径が小さい場合には分子同士の衝突が減り，壁面との衝突回数が増えるために運動量・エネルギーは平均化されず，個々の分子で異なり，つながりを見いだせないために連続体としては扱えない．Knudsen 数は，流体を

連続体として扱えるか否かを決定する．連続体と非連続体では，その流れの挙動は大きく異なる．図 2.1(II) では，$\lambda \ll d_i$ の状態であり，$K_\mathrm{n} \ll 1$ である．この状態を Poiseuille 流れ領域，あるいは粘性流領域と呼ぶ．図 2.1(III) では，$\lambda > d_i$ の状態であり，$K_\mathrm{n} > 1$ である．この状態を Knudsen 流れ領域，あるいは分子流領域と呼ぶ．また，その中間を中間領域と呼び区別する．大気圧下での窒素分子の平均自由行程は式 (2.2) から，約 $0.1\,\mu\mathrm{m}$ と概算される．細孔が比較的大きい（ガスが 1 気圧のとき，半径 $0.1\,\mu\mathrm{m}$ 以上の細孔）場合やガス圧力の高い場合は Poiseuille 流れである．すなわち，分子—分子の衝突による random walk としてガスは細孔内を移動する．一方，細孔が小さな場合（ガスが 1 気圧のとき半径 $10\,\mathrm{nm}$ 以下の細孔）や，または大きな細孔であっても減圧下では，細孔内のガス分子は希薄であって分子—分子の衝突は無視され，ガス分子は細孔壁と衝突を繰り返しながら移動していく Knudsen 流れが透過機構となる．

細孔中をガスが流れるとき，細孔のガスの流れやすさをコンダクタンス (conductance) $C\,[\mathrm{m}^3/\mathrm{s}]$ としたとき，単位時間あたりのガスの流量 $Q\,[\mathrm{Pa}\cdot\mathrm{m}^3/\mathrm{s}]$ は，細孔両端の圧力差 $\Delta p\,[\mathrm{Pa}]$ により次式で表される．

$$Q = C\Delta p \tag{2.3}$$

コンダクタンス C は，Poiseuille 流れと Knudsen 流れそれぞれの領域において解析的に示される．Poiseuille 流れ領域におけるコンダクタンス C_p は，Poiseuille の法則により次式で表される．

$$C_\mathrm{p} = \frac{\pi}{128\eta}\frac{d_i^4}{L}\bar{p} \tag{2.4}$$

ここで，η はガスの粘性率 $[\mathrm{Pa}\cdot\mathrm{s}]$，$L$ は細孔長さ $[\mathrm{m}]$，$\bar{p}$ は細孔両端の圧力の平均 $[\mathrm{Pa}]$ である．ちなみに $20\,^\circ\mathrm{C}$ の空気では次式となる．

$$C_\mathrm{p} = 1349\frac{d_i^4}{L}\bar{p}\quad [\mathrm{m}^3/\mathrm{s}] \tag{2.5}$$

式 (2.4) に示されるように，Poiseuille 流れ領域では，分子同士は互いに衝突しながら移動するため粘性率がコンダクタンスに関わっている．またコンダクタンスは平均圧力に比例しており，流体を連続体として見ている．一方，Knudsen 流れ領域におけるコンダクタンス $C_\mathrm{k}\,[\mathrm{m}^3/\mathrm{s}]$ は次式で表される．

$$C_\mathrm{k} = \frac{\pi}{12}\frac{d_i^3}{L}\langle v\rangle = \frac{1}{6}\sqrt{\frac{2\pi RT}{M}}\frac{d_i^3}{L} \tag{2.6}$$

ここで，$\langle v \rangle$ は分子の平均速度 [m/s]，R は気体定数 [J/mol·K]，T は絶対温度 [K]，M は分子量である．同様に 20°C の空気では次式となる．

$$C_\mathrm{k} = 121 \frac{d_i^3}{L} \quad [\mathrm{m^3/s}] \tag{2.7}$$

式 (2.6) に表されるように，Knudsen 流れ領域では，ガス分子は細孔内壁に衝突するばかりで他のガス分子とはほとんど衝突しないため，分子間相互作用はなく粘性という概念は成り立たない．また，コンダクタンスの大きさは圧力に依存しない．この領域でのガスの移動を妨げる要因は，ガス分子が壁面に衝突して散乱される現象であり，ガス分子の平均速度に比例する．

この両者の中間領域 ($d_i \cong \lambda$) におけるコンダクタンス C は，Knudsen により提案された次の実験式が用いられる．

$$C = C_\mathrm{p} + C_\mathrm{k} \times f(p) \tag{2.8}$$

$$f(p) = \frac{1+\Gamma}{1+1.24\Gamma} \quad \text{ただし} \quad \Gamma = \sqrt{\frac{M}{kT}} \frac{d_i \bar{p}}{\eta}$$

実用上十分な精度の近似として，中間領域のコンダクタンス $C_\text{中間}$ は

$$C_\text{中間} \cong 0.9 C_\mathrm{k} + C_\mathrm{p} = \frac{3}{20}\sqrt{\frac{2\pi RT}{M}} \frac{d_i^3}{L} + \frac{\pi}{128\eta} \frac{d_i^4}{L} \bar{p} \tag{2.9}$$

となる．

膜面に占める細孔の孔長が，その内径に対して十分長い距離をもつとしたとき，毛細管（キャピラリー）モデルとして，細孔内をガスが拡散するときの拡散係数が求められる．

拡散係数は，非多孔材中の物質移動の章にて詳細は記述されるが，均質膜中を透過する際の比例定数である．単位時間あたり単位断面積中を移動するガスの流束 J は，Fick の法則により次式で表される．

$$J = -D \frac{dC}{dx} \tag{2.10}$$

ここで，D は拡散係数，dC/dx は移動するガスの濃度勾配である．

細孔内径 d_i がガスの平均自由行程 λ より十分大きければ Poiseuille 流れである．そのときの拡散係数を D_P とすると，

$$D_\mathrm{P} = \frac{1}{3} \langle v \rangle \lambda \tag{2.11}$$

となる．

また，細孔内径 d_i がガスの平均自由行程 λ より小さければ Knudsen 流れである．そのときの拡散係数 D_K は次式で表される．

$$D_\text{K} = \frac{1}{3}\langle v \rangle d_i = \frac{d_i}{\lambda}D_\text{P} \tag{2.12}$$

また，中間流領域における拡散係数 $D_\text{中間}$ は，下記のような近似を用いると，

$$\frac{1}{D_\text{中間}} = \frac{1}{D_\text{P}} + \frac{1}{D_\text{K}} \tag{2.13}$$

すなわち

$$D_\text{中間} = \frac{D_\text{P}}{1 + \frac{\lambda}{d_i}} \tag{2.14}$$

と表される．前式は，$d_i \gg \lambda$ のとき，$D_\text{中間} = D_\text{P}$，また $d_i \ll \lambda$ のとき，$D_\text{中間} = D_\text{K}$ であることを示している．

単位時間あたりのガスの透過量 Q は，膜面積 A とガス分子の圧力差 $(p_1 - p_2)$ に比例する．そのときの比例係数をガス透過度と呼ぶ．また，膜の厚みは管長 L として表され，ガスの透過度を単位膜厚換算したものを透過係数 P として用いると，次式で表される．

$$Q = A\frac{P}{L}(p_1 - p_2) \tag{2.15}$$

透過流束 J は，単位時間あたりの単位面積あたりの透過量であり，次式で表される．

$$J = \frac{Q}{A} \tag{2.16}$$

図 2.2 のような多孔材の透過流束を求めるにあたり，細孔を直径 d_i の円管と見なすと，$d_i \gg$ 平均自由行程 λ のとき透過流束 J_p はガス分子間の衝突が主となる Poiseuille 流れで表される．

Poiseuille の式から半径 $r\ (= d_i/2)$ の一様な大きさの管（管長 L）を粘性率 η の定常流が流れているとすると，この管内を単位時間あたり流れる体積 V は，

$$V = \frac{\pi r^4}{8\eta L}(p_1 - p_2) \tag{2.17}$$

と表される．p_1 と p_2 はそれぞれ膜の両側のガスの圧力である．理想気体の状態方程式を用いて，透過係数 P の形で表すと，

$$\frac{nL}{\pi r^2 (p_1 - p_2)} = \frac{r^2 \bar{p}}{8\eta RT} \tag{2.18}$$

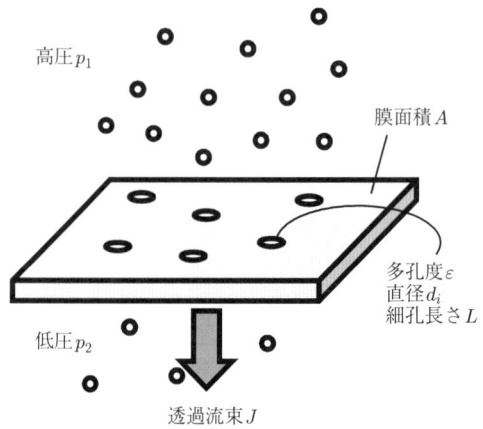

図 2.2 多孔材の透過流束

R は気体定数,T は絶対温度,$\bar{p}$ は平均の圧力である.孔の形状係数 k_0,動水半径 r_h,迷路係数 q,多孔度 ε で一般化すると,

$$P = \frac{\varepsilon r_\mathrm{h}^2 \bar{p}}{k_0 q^2 \eta RT} \tag{2.19}$$

となる.円の直管では $k_0 = 2$,$q = 1$,$r_\mathrm{h} = 0.5$ であり,そのときの Poiseuille 流れ領域における透過流束 J_p は次式で表される.

$$J_\mathrm{p} = \frac{Q}{A} = \frac{\varepsilon r^2 (p_1 - p_2)\bar{p}}{8\eta LRT} = \frac{\varepsilon r^2 (p_1 - p_2)}{8\eta LRT}\frac{(p_1 + p_2)}{2} \tag{2.20}$$

一方,細孔直径 $d_i <$ 平均自由行程 λ の条件下では,透過速度はガス分子のもつ熱運動速度に比例する.Knudsen による理論式を半径 r,管長 L の円管での透過係数で表すと,

$$\frac{nL}{\pi r^2 (p_1 - p_2)} = \frac{2r}{3}\sqrt{\frac{8RT}{\pi M}}\frac{1}{RT}\delta \tag{2.21}$$

ここで,M はガスの分子量,$\delta = (2 - f)/f$ であり,f は壁面からの反射拡散率で通常 1 である.孔の形状係数 k_1,動水半径 r_h,迷路係数 q,多孔度 ε で透過係数 P_K を示すと,

$$P_\mathrm{K} = \frac{4\delta\varepsilon r_\mathrm{h}}{3q^2 k_1}\sqrt{\frac{8RT}{\pi M}}\frac{1}{RT} \tag{2.22}$$

となる．円の直管では $k_0 = 2$, $q = 1$, $r_\mathrm{h} = 0.5$ であり，そのときの Knudsen 流れ領域における透過流束 J_K は次式で表される．

$$J_\mathrm{K} = \frac{Q}{A} = \frac{2r}{3}\varepsilon\sqrt{\frac{8RT}{\pi M}}\frac{(p_1 - p_2)}{lRT} \tag{2.23}$$

Poiseuille 流れ領域ではガスの粘性率に反比例するのに対して，Knudsen 流れ領域では，ガス分子同士が衝突できないため粘性率の項がない．一方 Knudsen 流れ領域では分子量の平方根に反比例するようになり，分子の分離性が現れてくる．例えば水素と窒素の透過量比は $\sqrt{28/2} = 3.7$ 倍となる．また Poiseuille 流れと Knudsen 流れの透過係数の温度依存性は，それぞれ T と $\sqrt{T}$ に反比例することが式 (2.19)，式 (2.22) からわかり，多孔材中の透過係数の温度依存性を調べることによって，その移動機構の違いが求められる．

2.2.2 表面拡散

これまでは物質が細孔内の空間中を飛ぶことにより移動する機構 (gas phase diffusion) であったのに対し，表面拡散 (surface diffusion) は異なった機構をとる．

ガスが細孔壁材質と親和性が強い場合，ガス分子は細孔表面に引き寄せられる．これを吸着と呼び，この吸着された分子が密度勾配（濃度勾配）に従って拡散移動を起こし，気相での移動よりも支配的となる場合がある．この透過機構を表面拡散という．

表面拡散流束 J_s の推進力を吸着量の勾配とすると，Fick の拡散方程式により次式で表される．

$$J_\mathrm{s} = -D_\mathrm{s}\frac{dC_\mathrm{s}}{dx} \tag{2.24}$$

ここで，D_s は表面拡散係数，C_s は表面吸着濃度，x は拡散距離である．C_s と圧力 p の平衡関係は $C_\mathrm{s} = H \times p$ で表され，

$$J_\mathrm{s} = -D_\mathrm{s}H\frac{dp}{dx} \tag{2.25}$$

が導かれる．平衡係数 H は一般的に圧力の関数であるが，希薄濃度域で定数と見なされる．式 (2.15)，式 (2.16) との比較により，表面拡散流れにおける透過係数 P_s は $D_\mathrm{s}H$ となることがわかる．D_s の温度依存性は，表面拡散の活性化エネルギー E_s により，

$$D_\mathrm{s} = D_\mathrm{s0}\exp\left(\frac{-E_\mathrm{s}}{RT}\right) \tag{2.26}$$

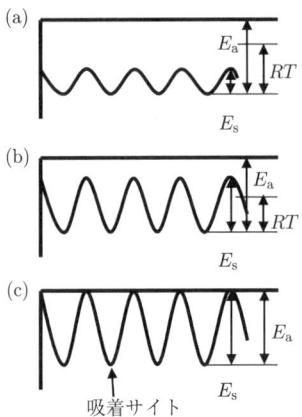

図 2.3 固体表面の吸着分子に対する二次元的なポテンシャルエネルギー分布.

で示すことができる．

細孔壁面を移動する吸着分子は，壁面表面のエネルギーの大きさにより，移動モデルが分類される [4]．図 2.3 に模型的に示されるように，固体表面には吸着分子に対する二次元的なポテンシャルエネルギーの分布がある．表面に衝突した分子は，エネルギー E_a（吸着熱）を失って，ポテンシャルエネルギーの谷である吸着サイトに吸着する．吸着分子はサイト間のエネルギー壁 E_s を超える活性化エネルギーを得たとき脱着する．

二次元の並進運動エネルギー RT が，$E_\mathrm{a} > RT > E_\mathrm{s}$ となる場合，吸着分子は固体表面で二次元気体のように挙動する．そして，脱着は表面の任意の点で起こる．これを mobile な吸着と呼び，次式で表される．

$$D_\mathrm{s} = \frac{\lambda}{2}\langle v \rangle = \frac{1}{2}\frac{1}{2d\sigma}\sqrt{\frac{\pi kT}{2M}} \tag{2.27}$$

ここで，λ は並進分子の平均自由行程であり，分子径 d と吸着量 σ で決まる．$\langle v \rangle$ は分子の平均速度であり，M は分子量である．

$E_\mathrm{a} > E_\mathrm{s} > RT$ となる場合，吸着分子はポテンシャルの谷に局在する．つまり，吸着サイトに吸着して，E_s を超えたエネルギーを得たとき，他の吸着サイトにジャンプする．これは活性化拡散の一種であり，hopping 理論としてモデル化される．

吸着サイトに吸着した分子が活性化エネルギー E_s を得て，他の吸着サイト

に hop する状態は random walk と見なすことができ，Einstein の式によって表される．

$$D_\mathrm{s} = C\frac{\lambda^2}{\tau} \tag{2.28}$$

ここで，λ は hop する距離であり，τ はサイトでの滞留時間，C はサイトの配列による定数である．λ および τ は，吸着量，温度，表面の不均一性等に依存する．

$E_\mathrm{a} = E_\mathrm{s}$ の場合，もはや表面拡散は存在せず，吸着分子はサイトに局在化した状態から気相に飛び出し，分子の移動は細孔内の気相拡散で起こる．吸着量が比較的少ない単分子層以下の場合については，上記二つの機構が考えられており，活性化エネルギーと吸着熱が拡散係数の値を決定する大きな要素である．

吸着分子の吸着量の増加により，単分子層から多層吸着となった場合には，二次元の凝縮が起こり，二次元の液体状態となる．このような状態での表面拡散の駆動力は表面圧の勾配や化学ポテンシャルの勾配で説明される．

2.2.3 複合流れ

多孔材の場合，その孔径により透過機構は異なってくる．Poiseuille 流れと Knudsen 流れは，その孔径がガス分子の平均自由行程により区別される．一方，Knudsen 流れと表面拡散機構に関しては単純に孔径によって判別することはできない．これは両透過機構が独立して起きていないためである．孔径が 4 nm 程度になると**図 2.4** のような孔内部で起こる Knudsen 流れと孔壁で起こる表面拡散が並行する複合流れが起こる．

複合流れにおける透過速度 J' は Knudsen 流れの透過速度 J'_g と表面拡散の透過速度 J'_s を足したものである．

$$J' = J'_\mathrm{g} + J'_\mathrm{s} \tag{2.29}$$

Knudsen 流れの透過速度は次式で表される．

$$J'_\mathrm{g} = \frac{SG_1}{\sqrt{2\pi MRT}} \tag{2.30}$$

ここで，S は膜の表面積，G_1 は膜の気孔率，曲路率などの材料に起因する物理定数，M が分子量，R が気体定数，T が温度を示している．Knudsen 流れは前項で説明されているように分子運動速度に起因する分子量の平方根に逆比例している．

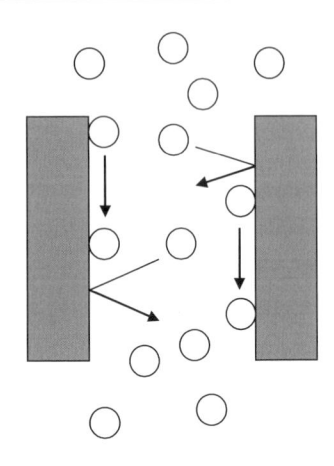

図 2.4　複合流れ概略図.

一方,表面拡散の透過速度 J'_s は次式で表される.

$$J'_\mathrm{s} = \frac{F_s l}{S \Delta p} = \frac{RT \rho_\mathrm{app}}{C_\mathrm{R} S \tau^2} \frac{x^2}{p} \tag{2.31}$$

ここで,F_s は表面拡散での流量,l は膜厚,Δp が圧力差,ρ_app は見かけ密度,x が表面での吸着量,C_R は定数,τ は曲路率を示している.

このように複合流れの式は Knudsen 流れと表面拡散に切り分けて考えることができる.Knudsen 流れではその透過速度は温度に反比例し,表面拡散では温度に比例しているので温度変化において測定できる透過速度の関係は図 2.5 のようになる.低温では Knudsen 流れが支配的であり,高温になるにつれ表面拡散の寄与が大きくなっていく.

一方,この複合流れの式は簡略化して次式に変換することも可能である [5].

$$J'\sqrt{MT} = A' + B'Te^{\Delta/T} = A' + a(V_\mathrm{c}\sqrt{T_\mathrm{c}})^b \tag{2.32}$$

ここで,A' は Knudsen 流れの定数,B' は表面拡散の定数,Δ はガス分子との相互作用に関する定数である.V_c はガス分子の臨界体積であり,ガス分子の大きさに依存するパラメータである.T_c はガス分子の臨界温度であり,ガス分子の凝集性に依存するパラメータである.複合流れはガス分子のサイズ,凝集性に依存する.

この三つの重要になる定数は次式で定められている.

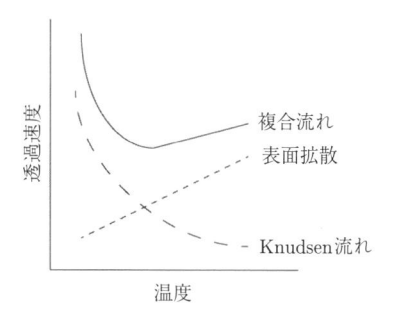

図 **2.5**　複合流れの温度依存性.

$$A' = \frac{G_1}{\sqrt{2\pi R}} \tag{2.33}$$

$$\Delta = \frac{\varepsilon_1 - \varepsilon_2}{k} \tag{2.34}$$

$$B' = \frac{G_2}{\sqrt{2\pi R}} \frac{k}{2\pi M \nu_y \nu_z} \tag{2.35}$$

ここで，G_1 は孔径，気孔率，曲路率などが関係する定数，G_2 は密度や気孔率などが関係する定数，ε_1 は吸着したガス分子の最少位置エネルギー，ε_2 は吸着したガス分子の表面拡散の活性化エネルギー，k は Boltzmann 定数，ν_y と ν_z はそれぞれ y 軸，z 軸の調和振動子周波数を示している．

実際に多孔材の透過測定を行った際に，これらの式を用いて複合流れの各パラメータを解析していくことは非常に困難である．その際には次の簡略化された式を用いることで判別することも可能である [6].

$$J'\sqrt{MT} = \alpha e^{\beta(V_c\sqrt{T_c})} \tag{2.36}$$

ここで，α は Knudsen 流れの定数であり，式 (2.33) の A' と同様のものである．一方，β は表面拡散の定数であり式 (2.35) の B' と同様のものである．各ガス分子の $J'\sqrt{MT}$ に対して $V_c\sqrt{T_c}$ を対数プロットすることで切片に寄与する Knudsen 流れの定数と傾きに寄与する表面拡散の定数に切り分けできる．

2.2.4　毛管凝縮

複合流れが発生する極微細な孔径の場合，凝集性の強い水蒸気や有機化合物蒸気は，その吸着層で孔内を満たし，分子の透過経路を塞いでしまうこともあ

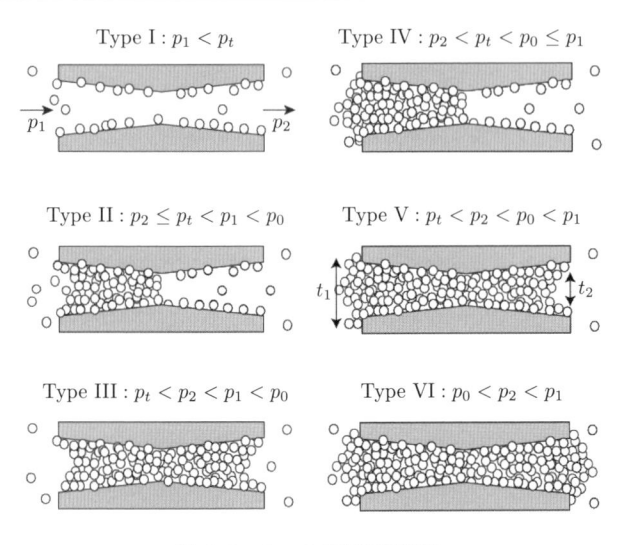

図 2.6 の上部に示される 6 つの毛管凝縮機構:

- Type I : $p_1 < p_t$
- Type IV : $p_2 < p_t < p_0 \leq p_1$
- Type II : $p_2 \leq p_t < p_1 < p_0$
- Type V : $p_t < p_2 < p_0 < p_1$
- Type III : $p_t < p_2 < p_1 < p_0$
- Type VI : $p_0 < p_2 < p_1$

図 2.6 六つの毛管凝縮機構.

る．この状態を毛管凝縮という．つまり複合流れの際に，表面に多量にガス分子が吸着してしまうことで毛管凝縮に遷移してしまう．この複合流れや毛管凝縮が起こる条件は，透過分子の凝集性，分子と多孔材との相互作用，そして透過圧力などによって決まる．その機構は条件により図 2.6 に示す 6 種類のモデルに分けられている [7]．

毛管凝縮を判定する指標に毛管凝縮圧 $p_t(\mathrm{cmHg})$ がある．これは Kelvin の式で示されている．

$$\frac{\rho_\mathrm{c} RT}{M} \ln \frac{p_\mathrm{t}}{p_0} = -\frac{2\sigma \cos\theta}{r} \tag{2.37}$$

ここで，p_0 は蒸気圧，ρ_c は臨界密度，$\sigma\,[\mathrm{dyn/cm}]$ は表面張力，$\theta\,[°]$ は接触角，$r\,[\mathrm{cm}]$ は孔径を示している．通常の多孔材の場合，各ガス分子の接触角は 0°と近似できる．この p_t，p_0，供給側圧力 p_1，透過側圧力 p_2 の大きさによって図 2.6 に示すように六つの透過機構に分類される．供給圧力が毛管凝縮圧よりも低い条件では，Type I の流れになる．これは前項で説明した Knudsen 流れと表面拡散が並行した複合流れである．

毛管凝縮による透過を考える際には吸着層の厚さ，膜厚が大変重要になる．その吸着層の厚さ $t\,[\mathrm{cm}]$ は，BET の式により次式で表される．

$$t = q_{\text{BET}} \frac{V_{\text{t}}}{S_{\text{t}}} \tag{2.38}$$

ここで，q_{BET} [mol/g] は BET の吸着平衡量，V_{t} と S_{t} はそれぞれ吸着層の体積と面積である．毛管凝縮が起こるときは吸着―脱着でヒステリシスが生じ，q_{BET} が異なるので，供給側，透過側で吸着層の厚さも異なる．図 2.6 の Type V に示すように供給側の吸着層の厚さ t_1，透過側の吸着層の厚さ t_2 を求めることができる．

供給側圧力が毛管凝縮圧より高くなり，かつ蒸気圧よりも低い場合は供給側では毛管凝縮が起きているが透過側では起きない Type II の流れになる．その際の透過速度 J'_2 [cm^3 (STP)/(cm$^2 \cdot$ s $\cdot$ cmHg)] は次式で表される．

$$\begin{aligned} J'_2 &= \frac{K_{\text{d}} \rho RT}{\mu z M (p_1 - p_2)} \left[\frac{(r-t_1)^2}{r^2} \ln \frac{p_1}{p_0} - \frac{(r-t_{\text{t}})^2}{r^2} \ln \frac{p_{\text{t}}}{p_0} \right] \\ &= (J_{\text{g}} + J_{\text{s}}) \frac{L(p_{\text{t}} - p_2)}{(L-z)(p_1 - p_2)} \end{aligned} \tag{2.39}$$

ここで，K_{d} は毛管凝縮流れの定数，L は毛管凝縮の距離 [cm]，z はガス分子同士が互いに作用しあう距離 [cm]，μ [kg/(m $\cdot$ s)] はガスの粘度，t_{t} は透過時の吸着層の厚さを示している．

Type II の流れから透過側の圧力が毛管凝縮圧よりも高くなると，孔全体で毛管凝縮が起きる Type III の流れになる．その際の透過速度 J'_3 は次式で表される．

$$J'_3 = \frac{K_{\text{d}} \rho RT}{\mu M (p_1 - p_2)} \left[\frac{(r-t_1)^2}{r^2} \ln \frac{p_1}{p_0} - \frac{(r-t_2)^2}{r^2} \ln \frac{p_{\text{t}}}{p_0} \right] \tag{2.40}$$

一方，透過側の圧力は毛管凝縮圧よりも低いが毛管凝縮圧，さらに蒸気圧よりも高くなる場合は，供給側のみで毛管凝縮が起き，かつ分子が供給側表面も覆ってしまう Type IV の流れになる．その際の透過速度 J'_4 は次式で表される．

$$J'_4 = -\frac{K_{\text{d}} \rho RTl}{\mu z (p_1 - p_2)} \frac{(r-t_{\text{t}})^2}{r^2} \ln \frac{p_{\text{t}}}{p_0} \frac{(J'_{\text{g}} + J'_{\text{s}})/(p_{\text{t}} - p_2)}{(L-z)(p_1 - p_2)} \tag{2.41}$$

供給側の表面を覆う Type IV の流れの際に透過側の圧力が増加し，毛管凝縮圧よりも高くなると透過側でも毛管凝縮が起きる Type V の流れになる．その際の透過速度 J'_5 は次式で表される．

$$J'_5 = -\frac{K_{\text{d}} \rho RT}{\mu M (p_1 - p_2)} \frac{(r-t_2)^2}{r^2} \ln \frac{p_2}{p_0} \tag{2.42}$$

また，さらに透過側の圧力が増加し，蒸気圧以上になった場合は，透過側の表面も分子が覆う Type VI の流れになる．その際の透過速度 J_6' は次式で表される．

$$J_6' = \frac{K_\mathrm{d}}{\mu} = \frac{\rho N \pi r^4}{8M\mu\tau} \tag{2.43}$$

ここで，N は表面積あたりの孔の数を示している．このときは透過速度が粘度の逆数に比例している Poiseuille の流れになる．

2.3 非多孔材中の物質移動

高分子フィルムに針で開けた様な微小な孔（フィルムの表から裏に貫通した孔）からガスや蒸気が漏れ出てくることは多孔膜の透過によって説明される．それは開けられた孔の直径や数であったり，透過してくる低分子の粘性や分子量によって決定される．もし，この孔の大きさが対象とする低分子の大きさよりも小さくなったら，あるいは孔が完全になくなってしまったら，低分子は高分子フィルムを通り抜けることができなくなるのだろうか（図2.7）．高分子フィルムや高分子材料を二次元方向に薄く広げた形状のものを高分子膜と呼び，ピンホールが発生しないように注意深く製膜することで非多孔材となる．この節では，ピンホールと呼ばれるフィルムを突き抜ける小さな欠陥が全く存在しない非多孔材を通しての物質移動について述べる．

2.3.1 非多孔材における物質移動の駆動力

非多孔材の高分子膜（以降，単に高分子膜と呼ぶ）をガスや蒸気などの低分子が通り抜ける（透過現象）程度を制御する機能は，バリア材や分離膜にとって最も重要な機能である．高分子膜は空間を分ける仕切り壁であり，壁の両側の空間の低分子の組成が異なった状態を保つ役割をもつ．水蒸気バリア材であれば湿度の高い空間から湿度の低い空間への高分子膜を通しての水分子の侵入を妨げることが求められる．孔のない高分子の壁を低分子が通り抜けるために

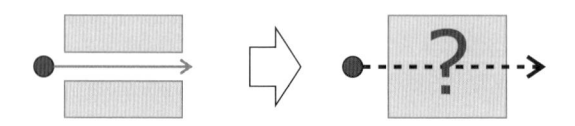

図 2.7 孔がなくなると低分子は透過できる？

2.3 非多孔材中の物質移動

利用している空間について知ることから始める．

高分子膜は多数の高分子鎖の集合体である．高分子鎖は絶えず熱振動をし，個々の高分子鎖の位置は絶えず変化し，高分子鎖の分子鎖間に微小な空隙を生じる．個々の空隙の大きさは膜内部を移動する低分子一つ分の容積と同程度と考えられている．多孔材の孔は空隙が常に同じ場所に存在し，空隙同士が膜厚方向に連続した通路を形成しているのに対して，高分子膜中の空隙は出現と消失を繰り返しており，低分子の通り道は常に同じではないというところである．

高分子膜に占める空隙の割合は，構成する高分子の化学構造によって影響を受ける．身近な高分子のポリエチレン（以下 PE）とポリエチレンテレフタレート（以下 PET）を例に挙げると，密度の違いにより PE は水に浮くが PET は水に沈む．この事実は PET と比較して PE に占める空隙の割合は大きいということである．実際，PE の酸素透過性は PET のものよりも高く，膜に含まれる空隙の割合が高いほど膜内を低分子が移動しやすいことは定性的に理解される．

この出現と消滅を繰り返す微小な空間を通り抜ける行為は障害物競走のようであり，低分子はこの抵抗に打ち勝つ推進力を得ることで膜内を移動していくことになる．高分子膜内に置かれた 1 個の低分子に着目すると，この低分子の推進力はポテンシャルエネルギーの差であり，1 モルあたりのギブスの自由エネルギー，すなわち化学ポテンシャル μ を用いて記述される．熱力学において i 成分の化学ポテンシャル μ は，

$$\mu_i = \mu_i^0 + RT \ln a_i + Z_i \psi + v_i p \tag{2.44}$$

ここで，μ_i^0 [J/mol] は標準状態の化学ポテンシャル，R は気体定数(= 8.314 J/(K·mol))，T [K] は絶対温度，a_i [mol/m^3] は活量 ($a_i = \gamma_i c_i$，γ_i は活量係数，c_i [mol/m^3] は濃度) で濃度が希薄な場合は $a_i \equiv c_i$ としてよい．Z_i [c/mol] は電荷，ψ [V] は静電ポテンシャル，v_i [m^3/mol] はモル容積，p [Pa] は圧力である．

高分子膜内の低分子の移動は化学ポテンシャルの低い方向へと起き，一次元 (x 方向) の移動を考える場合は，その駆動力は，低分子の存在する位置での化学ポテンシャル勾配 $-d\mu/dx$ である．駆動力を正とするために負号が付けられる．これはエネルギーを距離で割っており力の単位 [N/mol=kg·m/(s^2·mol)] をとる．低分子が一定速度 u で移動しているとき，駆動力と移動を妨げる抵抗力は釣り合っている．この抵抗力は摩擦力 ($u_i \times f_i$：f_i は摩擦係数で力と速度

の比で定義され，次元は kg/(s·mol)) と呼ばれ，駆動力と摩擦力の関係は次式で表される．

$$u_i \times f_i = -d\mu_i/dx \quad \text{あるいは} \quad u_i = -(f_i)^{-1} d\mu_i/dx \tag{2.45}$$

ここまで高分子膜内の1個の低分子 i の移動を考えてきたが，膜中の対象としている位置での低分子 i の濃度を c_i，膜を通り抜ける低分子 i の流束を J_i とすると，J_i は低分子 i の移動速度 u_i にその位置の濃度 c_i をかけた値となる．

$$J_i = u_i \cdot c_i = -\frac{c_i}{f_i} d\mu_i/dx \tag{2.46}$$

高分子膜中のガスや蒸気の移動で高圧を用いない場合は式 (2.46) の化学ポテンシャルを構成する因子の中で濃度勾配がある場合のみを考え，かつ，低分子 i の膜内濃度が低く，活量が濃度と等しいと見なせるならば，化学ポテンシャルは次式のようになり

$$\mu_i = \mu_i^0 + RT \ln c_i \tag{2.47}$$

化学ポテンシャル勾配は前式から

$$\frac{d\mu_i}{dx} = RT \frac{d\ln c_i}{dx} = \frac{RT}{c_i} \cdot \frac{dc_i}{dx} \tag{2.48}$$

であり，これを式 (2.46) に代入し次式が得られる．

$$J_i = -\frac{RT}{f_i} \cdot \frac{dc_i}{dx} \tag{2.49}$$

以上より高分子膜中の低分子の移動の駆動力は化学ポテンシャル勾配であり，実際の移動量を示す流束は濃度勾配に比例することが示された．

2.3.2　Fick の法則

ビーカーの純水中に塩の固まりを入れると，その表面から溶質である塩がイオン化し溶媒である純水に溶け出す．水に対する塩の溶解度以下で塩濃度がビーカー内の至る所で等しくなるまで溶解した塩が純水中を移動していく．塩が均一に溶解した後は，どんなに時間が経っても塩濃度は変化せず，ビーカーの水溶液中のどの部分を取り出しても塩濃度は一定になる．

このような溶質が媒体の中に広がっていく移動現象を"拡散"と呼ぶ．Adolf E. Fick は水を満たした細長のチューブの底に塩を置き，塩水の密度の時間変

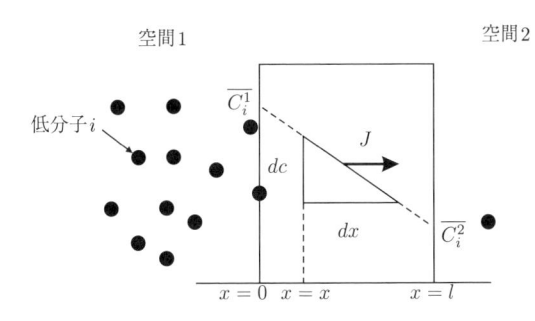

図 2.8 定常状態における高分子膜中の濃度勾配.

化を測定することで 1855 年に物質の移動量(流束)が溶質の濃度勾配に比例する経験則を示した.

$$J = -D\frac{dc}{dx} \tag{2.50}$$

この式は"Fick の第 1 法則"と呼ばれ定常状態で成立する. この式の比例定数を拡散係数 D とした. 式 (2.49) と式 (2.50) の対応から D は RT/f と等しい. 式 (2.49) は,"低分子が一定速度 u で移動しているとき"という条件下で導出された. この状態こそが定常状態を示している.

図 2.8 に定常状態における高分子膜中の濃度勾配を示す. 空間 1 と 2 の間に膜厚が l [cm] の高分子膜を挟み,空間 1 の低分子 i の濃度が空間 2 の濃度よりも高く保たれているとする ($c_i^1 > c_i^2$). 化学ポテンシャルの関係は $\mu_i^1 > \mu_i^2$ となり,高分子膜を介して,空間 1 から空間 2 への i 成分の移動が起きる. このとき低分子 i の濃度の高い空間 1 が供給側,濃度の低い空間 2 が透過側である. ここで空間 1 と接触する膜界面の低分子 i の濃度 $\overline{c_i^1}$,空間 2 と接触する膜界面の低分子 i の濃度を $\overline{c_i^2}$ とする. c_i^1, c_i^2 の上に ¯ が付いているのは,空間 1, 2 の溶質の濃度と実際の膜界面の溶質の濃度は異なるためである. この場合,高分子膜を横切るように形成される濃度勾配は $(\overline{c_i^1} - \overline{c_i^2})/l$ である. そして,高分子膜中のあらゆる箇所で式 (2.50) が成立し,その濃度勾配 dc/dx は $(\overline{c_i^1} - \overline{c_i^2})/l$ と等しく,溶質の移動速度 u も膜内のどの位置でも同じとなり流束 J も一定となる. この濃度勾配を形成するために膜は供給側から低分子を膜内に取り込み(溶解),ついで濃度勾配によって膜内を低分子が拡散し,膜の反対側で透過側へ低分子を放出する.

定常状態において,高分子膜が厚さ l と断面積 A をもち,この断面を単位時

濃度勾配

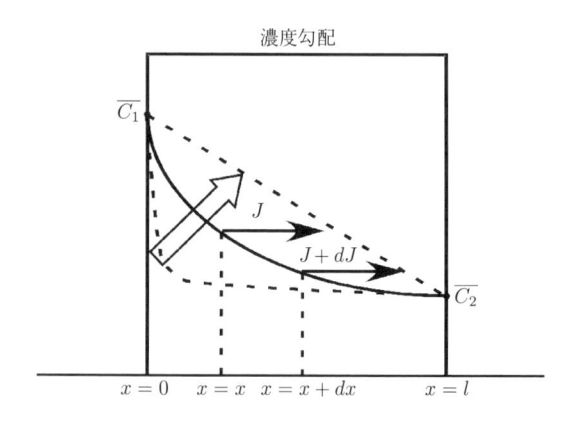

図 2.9 非定常状態の濃度勾配の変化．

間に，単位面積あたり通過する低分子の量を流束 J とすれば，微小時間 Δt に断面積 A を通過する低分子の透過量 Q は $Q = JA\Delta t$ である．一方，この低分子の透過量は濃度勾配，断面積 A，微小時間 Δt に比例すると考えられるから，次式で表される．

$$Q = -D \cdot \frac{(\overline{c_i^2} - \overline{c_i^1})}{l} \cdot A \cdot \Delta t \tag{2.51}$$

Fick の第 1 法則では物質移動の駆動力と膜内の摩擦力が釣り合った定常状態のみを扱った．これは高分子膜内のあらゆる箇所の微小部分で流入する低分子と流出する低分子の量が等しい．しかし，実際に高分子膜を用いた透過実験を行うと初期の時間領域で何も透過して来ないことが知られている．透過が始まる時間 $t = 0$ において膜中に酸素や水蒸気のような低分子が全く存在しない状態から，低分子が膜の供給側 $x = 0$ に接触し，続いて低分子が膜を横断して透過側の面 $x = l$ に達し，膜の透過側の空間に出ていき，定常状態に達せられるまでにはある程度の時間を要する．これは高分子膜の両側の空間 1，2 の低分子の濃度が常に一定に保たれていても（例えば $c_i^1 \gg c_i^2 \approx 0$），**図 2.9** に示すように局所的に見れば高分子膜内の濃度勾配や流束が位置によって異なる時間領域が存在することを示す．このような状態を非定常状態と呼び，非定常状態でも成立する一般拡散式とも呼ばれる Fick の第 2 法則が次式である．

$$\frac{\partial c}{\partial t} = D \frac{\partial^2 c}{\partial x^2} \tag{2.52}$$

これは**図 2.10** に示すように縦，横 1 [cm]，厚さ dx の体積 $dx\,[\mathrm{cm}^3]$ の箱の $x = x$

2.3 非多孔材中の物質移動

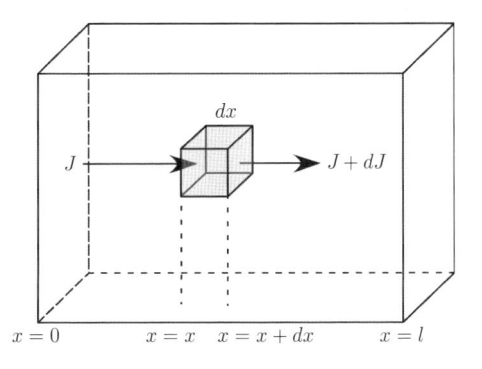

図 2.10 非定常状態におけ微小体積への物質の出入り．

面から単位時間に J の低分子が入り $x+dx$ の面から $J+dJ$ の低分子が出ていくとすると単位時間あたりの体積 $dx\,[\mathrm{cm}^3]$ の箱の中の低分子の濃度変化は，式 (2.50) の Fick の第 1 法則を考慮すると次式で表される．

$$\frac{\partial c}{\partial t} = -\frac{\partial J}{\partial x} = -\frac{\partial}{\partial x}\left(-D\frac{\partial c}{\partial x}\right) = D\frac{\partial^2 c}{\partial x^2} \tag{2.52}'$$

この式は微小体積での濃度の時間変化と流入と流出の流束の差から導かれる．

2.3.3 非定常状態と定常状態

高分子膜を用いたガス透過実験を行うと透過曲線が得られる．透過曲線には二つの表現の仕方があり，膜面積が A の膜の流束 $J(t)$ と経過時間 t の関係を表す微分型透過曲線，そして，透過実験開始から経過時間 t までの透過量の総和 $Q(t)$ と経過時間 t の関係を表す積分型透過曲線である．

$$J(t) = -D\left(\frac{\partial c}{\partial x}\right)_{x=l} \tag{2.53}$$

$$Q(t) = A\int_0^t J\,dt = -DA\int_0^t \left(\frac{\partial c}{\partial x}\right)_{x=l} dt \tag{2.54}$$

膜全体の透過量は膜の出口側での透過量と等しく，Fick の第 1 法則より $J(t)$ は単位面積あたりの $x=l$ 面での拡散量となる．これは膜内のある位置 x，経過時間 t での低分子濃度を $C(x,t)$ とするとき，$x=l$ 面での濃度を時間 t の関数 $C(l,t)$ として求めれば，流束 $J(t)$ および透過量の総和 $Q(t)$ は，時間の関数として表されることを示す．$C(x,t)$ は式 (2.52) の Fick の第 2 法則を以下の非

定常状態および定常状態を示す境界条件を用いて，Laplace 変換により解くと膜内の低分子の濃度分布を示す式 (2.55) が得られる．

・境界条件

$$t > 0 \text{ で, } x = 0 \text{ において } C(0,t) = \overline{C^1}$$

$$t > 0 \text{ で, } x = l \text{ において } C(l,t) = 0$$

・初期条件

$$t = 0 \text{ で, } C(x,0) = 0$$

$$C(x,t) = \overline{C^1} - \overline{C^1} \cdot \frac{x}{l} - \frac{2\overline{C^1}}{\pi} \sum_{n=1}^{\infty} \frac{1}{n} \cdot \sin\frac{n\pi x}{l} \cdot \exp(-n^2\pi^2 Dt/l^2) \tag{2.55}$$

初期条件と境界条件が表すように式 (2.53) および式 (2.54) に従う透過曲線は，まず高分子膜内にガス分子が存在しない状態を実現し（初期状態），続いて供給側に一定濃度（あるいは分圧）のガス分子を導入し，直ちに膜の供給側界面のガス濃度は平衡濃度 $\overline{C^1}$ に到達し，透過側膜界面では透過実験中，常にガス濃度は，ほとんどゼロに保たれた場合（境界条件）のみ成り立つ．非定常状態では，膜の出口 $x = l$ での濃度勾配が透過に直接関係するから，式 (2.55) を x で微分すると次式のように求まる．

$$\frac{\partial c}{\partial x} = -\frac{\overline{C^1}}{l} - \frac{2\overline{C^1}}{\pi} \sum_{n=1}^{\infty} \left(\frac{\pi}{l}\right) \cdot \cos\left(\frac{n\pi x}{l}\right) \cdot \exp\left(-\frac{n^2\pi^2 Dt}{l^2}\right) \tag{2.56}$$

$x = l$ では $\cos(n\pi) = (-1)^n$ となることを考慮すると

$$\left(\frac{\partial c}{\partial x}\right)_{x=l} = -\frac{\overline{C^1}}{l} - \frac{2\overline{C^1}}{l} \sum_{n=1}^{\infty} (-1)^n \cdot \exp\left(-\frac{n^2\pi^2 Dt}{l^2}\right) \tag{2.57}$$

まず流束 $J(t)$ は以下のように求まる．

$$-D\left(\frac{\partial c}{\partial x}\right)_{x=l} = J(t) = \frac{D\overline{C^1}}{l} + \frac{2D\overline{C^1}}{l} \cdot \sum_{n=1}^{\infty} (-1)^n \cdot \exp\left(-\frac{n^2\pi^2 Dt}{l^2}\right) \tag{2.58}$$

次に $J(t)$ を $t' = 0 \sim t' = t$ まで積分すると膜の単位面積あたりのガスの透過量の総和 $Q(t)/A$ は次式のように求まる．

$$\begin{aligned}
\frac{Q(t)}{A} &= \int_0^t J(t')dt' \\
&= -D \int_0^t \left\{ -\frac{\overline{C^1}}{l} - \frac{2\overline{C^1}}{l} \sum_{n=1}^{\infty} (-1)^n \cdot \exp\left(-\frac{n^2\pi^2 Dt'}{l^2}\right) \right\} dt' \\
&= D \int_0^t \frac{\overline{C^1}}{l} dt' + \frac{2D\overline{C^1}}{l} \int_0^t \sum_{n=1}^{\infty} (-1)^n \cdot \exp\left(-\frac{n^2\pi^2 Dt'}{l^2}\right) dt' \\
&= \frac{D\overline{C^1}t}{l} - \frac{2\overline{C^1}l}{\pi^2} \cdot \sum_{n=1}^{\infty} \frac{(-1)^n}{n^2} \cdot \exp\left(-\frac{n^2\pi^2 Dt}{l^2}\right) + \frac{2\overline{C^1}l}{\pi^2} \cdot \sum_{n=1}^{\infty} \frac{(-1)^n}{n^2}
\end{aligned}$$
(2.59)

$\sum_{n=1}^{\infty} \frac{(-1)^n}{n^2} = -\frac{\pi^2}{12}$ より，$Q(t)$ の式を書き直すと

$$\frac{Q(t)}{A} = \frac{D\overline{C^1}t}{l} - \frac{\overline{C^1}l}{6} - \frac{2\overline{C^1}l}{\pi^2} \cdot \sum_{n=1}^{\infty} \frac{(-1)^n}{n^2} \cdot \exp\left(-\frac{n^2\pi^2 Dt}{l^2}\right) \tag{2.60}$$

ここで時間 t が十分に大きい場合（定常状態），$Q(t)$ の式は次式のように簡略化される．

$$\begin{aligned}
Q(t) &= DA\overline{C^1}\left(\frac{t}{l} - \frac{l}{6D}\right) \\
&= \frac{DA\overline{C^1}}{l}\left(t - \frac{l^2}{6D}\right)
\end{aligned} \tag{2.61}$$

この式で表される積分型透過曲線を**図2.11**に示す．

時間 t が十分に経過した定常状態ではグラフの傾きは一定となり

$$(グラフの傾き) = \frac{DA\overline{C^1}}{l} \tag{2.62}$$

ここで定常状態の直線部分を x 軸（時間軸）に外挿したときの交点を遅れ時間 θ と呼び，次式で表される．

$$\theta = \frac{l^2}{6D} \tag{2.63}$$

この遅れ時間から次式により

$$D = \frac{l^2}{6\theta} \tag{2.64}$$

拡散係数 D が容易に求まる．

実際の透過測定では，少なくとも遅れ時間の3倍以上，測定開始から時間が経過していれば透過は定常状態と見なされる．この根拠は流束 $J(t)$ を定常状態

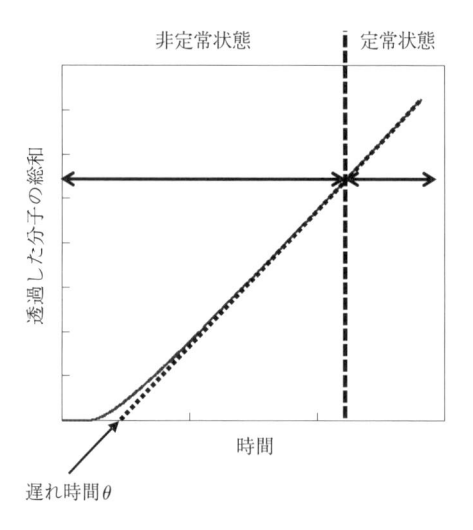

図中、縦軸「透過した分子の総和」、横軸「時間」のグラフ。左側「非定常状態」、右側「定常状態」。曲線の立ち上がり部分に「遅れ時間 θ」が示されている。

図 2.11 積分型透過曲線と遅れ時間.

の流束 J_{st} で規格化した $J(t)/J_{\mathrm{st}}$ と $Dt/l^2 = \tau$ との関係を詳細に検討することで見えてくる．式 (2.60) の両辺を $\overline{C^1}l$ で割り，$Dt/l^2 = \tau$ において無次元化すると，

$$\frac{Q(t)}{A\overline{C^1}l} = q = \tau - \frac{1}{6} - \frac{2}{\pi^2} \cdot \sum_{n=1}^{\infty} \frac{(-1)^n}{n^2} \cdot \exp(-n^2\pi^2\tau) \tag{2.65}$$

流束については，

$$\begin{aligned}\frac{dq}{d\tau} &= j(\tau)/j_{\mathrm{st}}(= J(t)/J_{\mathrm{st}}) \\ &= 1 + 2\sum_{n=1}^{\infty}(-1)^n \exp(-n^2\pi^2\tau)\end{aligned} \tag{2.66}$$

この式により表される微分型透過曲線を**図 2.12** に示す．

図中の非定常状態に特徴的な点が二つある．一つは透過曲線の変曲点に対応し，このとき $\tau_i = 0.0918$ で $J(t)/J_{\mathrm{st}}$ は約 0.24 である．この時点での特性時間 t_i と拡散係数 D との間には次式の関係がある．

$$D = \frac{0.091 \times l^2}{t_i} \tag{2.67}$$

二つ目は積分型透過曲線における遅れ時間に相当する点である．このとき $\tau_{\mathrm{time-lag}} = 0.167$ で $J(t)/J_{\mathrm{st}}$ は約 0.62 である．この時点での特性時間は遅れ

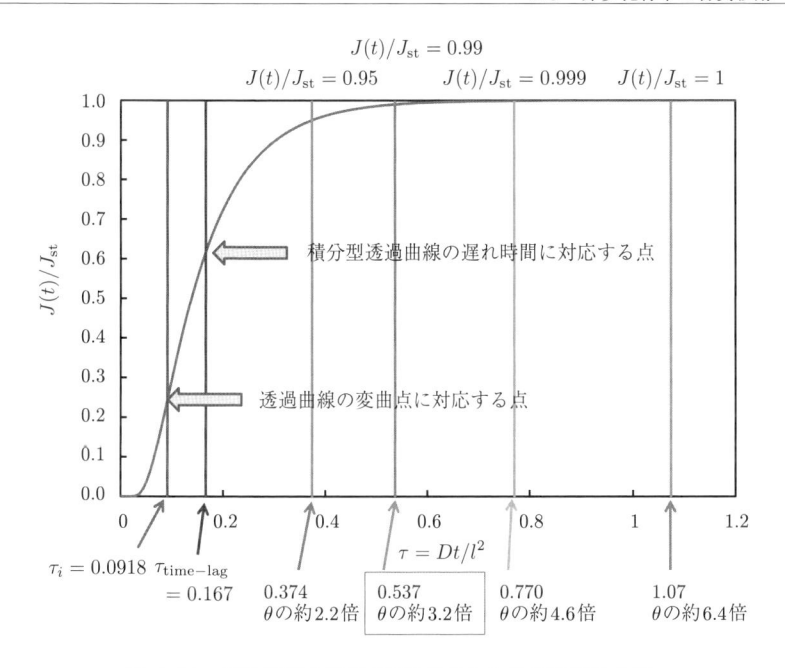

図の上部ラベル:
$J(t)/J_{st} = 0.95$ $J(t)/J_{st} = 0.99$ $J(t)/J_{st} = 0.999$ $J(t)/J_{st} = 1$

縦軸: $J(t)/J_{st}$
横軸: $\tau = Dt/l^2$

矢印注記:
- 積分型透過曲線の遅れ時間に対応する点
- 透過曲線の変曲点に対応する点

横軸下の値:
$\tau_i = 0.0918$　$\tau_{time-lag} = 0.167$　0.374 θの約2.2倍　0.537 θの約3.2倍　0.770 θの約4.6倍　1.07 θの約6.4倍

図 2.12 定常状態の流束で規格化された微分型透過曲線.

時間 θ に相当するので拡散係数 D は式 (2.64) を用いて求めることができる.もし高分子膜に対する拡散係数が透過する分子の濃度によらず一定ならば,これら二つの特性時間より求めた拡散係数は一致する.また,定常状態に到達するために必要となる経過時間は,$J(t)/J_{st}$ が 1 となる τ_{st} の最小値を求めればよい.図 2.12 に示すとおり,このような特性時間は遅れ時間の約 6.4 倍となることがわかる.しかし実際の透過測定では遅れ時間の約 3.2 倍以上の期間,透過測定を継続すれば定常状態の 99% まで流束が到達していることから,透過装置から得られる実験データのばらつきなどを考慮し,遅れ時間の 3 倍以上の時間領域を定常状態と見なしている.

最後に微分型透過曲線と遅れ時間の関係について別の角度から眺めてみよう.図 2.13 の流束と経過時間のグラフにおいて透過曲線は式 (2.58) によって描かれている.このとき定常状態のときの流束は J_{st} である.J_{st} と定常状態のある時間 t_{st} で表される長方形の面積 $J_{st} \cdot t_{st}$ から $J(t)$ を $t=0 \sim t = t_{st}$ まで積分した Q を差し引いた部分の面積 $(= J_{st} \cdot t_{st} - Q)$ は遅れ時間 θ と J_{st} で表される長方形の面積 $(= J_{st} \cdot \theta)$ と等しい.また,式 (2.66) を $\tau = 0 \sim \tau_{st}$ の範囲で積分

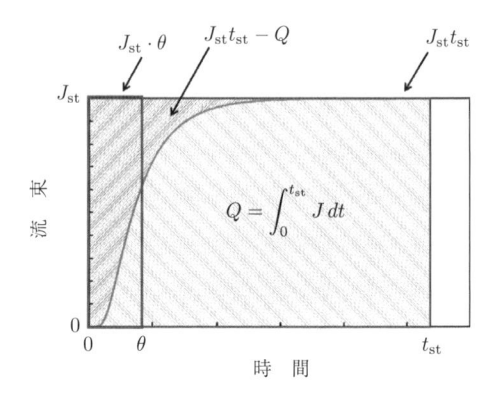

図 2.13 微分型透過曲線と遅れ時間の関係.

して τ_{st} から差しい引いた逆数は，D を求める式 (2.64) の分母に表れる定数 6 となる．

$$\left(\tau_{st} - \int_0^{\tau_{st}} 1 + 2\sum_{n=1}^{\infty}(-1)^n \exp(-n^2\pi^2\tau)\right)^{-1} = 6$$

（τ_{st} は定常状態でのある時点）

2.3.4 溶解拡散機構

「この膜の透過性（あるいはバリア性）はどれぐらい？」と漠然と質問され的確に返答するのは容易ではない．そもそも透過性とはどのような物差しなのだろうか？ある測定条件（40°C，90%）における膜に対する水蒸気の流束であったり，膜を構成する高分子素材そのものの水蒸気やガスの通しやすさの場合もあり注意が必要である．曖昧な表現である"透過性"よりも具体的な膜の性能を表現する物差しとして，流束 [mol/(m²·s)]，透過度 [mol/(m²·s·Pa)]，透過係数 [mol·m/(m²·s·Pa)] などがある．これらの物差しは全て異なった単位をもっている．そして，測定条件に伴い，その値も変化する．高分子膜に対する低分子の通りやすさに温度依存性や圧力依存性があることはよく知られている．高分子膜の性能を比較するためには膜の置かれた条件と膜の素材としての物理化学的性質の双方が重要である．これらの物差しの中で素材の物理化学的性質を示す物差しは透過係数である．定常状態の流束 J あるいは透過量 Q から透過係数 P は次式のように求まる．

$$P = \frac{J \cdot l}{\Delta p} = \frac{Q \cdot l}{A \cdot \Delta t \cdot \Delta p} \tag{2.68}$$

透過現象に関して 2.3.2 項において Fick の法則によって拡散係数を比例定数として高分子膜の両側の界面の低分子の濃度勾配により低分子が高分子膜を通り抜けることが述べられた．Fick の法則と透過係数を関係づけるために以下に述べる濃度差から圧力差の変換を行う．透過側の高分子膜界面の低分子濃度を限りなくゼロに保ち，図 2.8 に示される膜厚 l を有する高分子膜の供給側界面における低分子の濃度 $\overline{C^1}$ がわかれば，高分子膜に対する低分子の流束が決定される．しかしながら透過実験においては，$\overline{C^1}$ を知ることは容易ではなく，測定しているのは膜の両側にある空間の低分子の分圧である．膜の供給側界面の低分子濃度 $\overline{C^1}$ と供給側の低分子の圧力 p_1 との間で Henry の溶解の法則

$$\overline{C^1} = S \cdot p_1 \tag{2.69}$$

が成り立つことから，式 (2.60) は次式のように書き換えられる．

$$Q(t) = DSAp_1 \left[\frac{t}{l} - \frac{l}{6D} - \frac{2l}{\pi^2 D} \cdot \sum_{n=1}^{\infty} \frac{(-1)^n}{n^2} \cdot \exp\left(-\frac{n^2\pi^2 Dt}{l^2}\right) \right] \tag{2.70}$$

さらに式 (2.50) の Fick の第 1 法則を圧力勾配を用いて表現すると

$$J = -DS\frac{dp}{dx} \tag{2.71}$$

となり，$P = D \times S$ とおくと

$$J = -P\frac{dp}{dx} \tag{2.72}$$

透過係数は膜厚や膜面積など膜の形状に依存しない高分子膜素材固有の係数である．そして，透過係数は拡散係数と溶解度係数の積で表されることから非多孔膜の透過現象は溶解拡散機構に従うとされ，ガスが膜に取り込まれ，膜を拡散し透過側界面に到達し透過側の空間に放出されていく過程がこれに相当する．膜によって仕切られた二つの空間の間での物質の移動量"透過"は，膜内の移動のしやすさ"拡散"と膜へのガスの取り込まれやすさ"溶解"の積によって表される．拡散という速度論的な因子と溶解という平衡論的な因子が相乗的に効いている．拡散は膜の中で濃度勾配を下って粒子が移動する現象を示し，濃度勾配を形成する斜面の抵抗（摩擦）が小さければ粒子は移動しやすく，勾

第 2 章　バリア性の理論

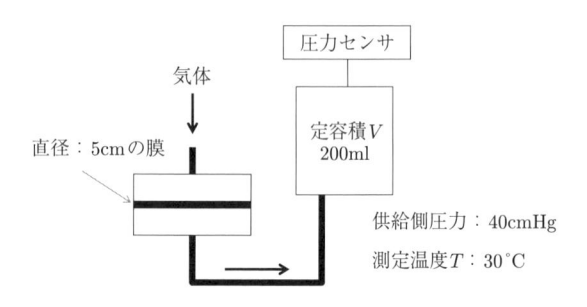

[図: 差圧法透過測定装置の概略。直径:5cmの膜、気体、圧力センサ、定容積 V 200ml、供給側圧力:40cmHg、測定温度 T:30°C]

図 2.14　差圧法透過測定装置の概略および測定条件.

配の傾きが急なほど速く移動する．溶解は外部から膜の中に粒子が入っていく現象で，膜の外の粒子の濃度に応じて膜に低分子が取り込まれる．様々な高分子膜の透過係数が報告され，どのような透過係数をもつ素材を用いれば，ある条件下でどれぐらいのガス透過量を示すか知ることは可能だが，なぜそのような透過量を示すのかは拡散と溶解に分けて要因を考察する必要がある．

次に透過係数の測定と計算について高分子膜の透過測定法の一つである差圧法を例に挙げる．**図 2.14** に装置の概略および測定条件を示す．透過実験の際に必ず記録すべき実験条件は，測定温度，有効膜面積，膜厚，供給側の圧力，透過側の容積であり，これらの数値は透過実験の間に変化してはならない．そして，透過側圧力は時々刻々と変化するので，ある一定の時間間隔で記録をする．透過側の圧力は，高分子膜を透過してきたガスの物質量（透過量）に相当し，等温過程での一定容積中でのガスの圧力増加は理想気体の状態方程式 $PV = nRT$ より，$dn = dpV/RT$ の関係にあるのでガスの物質量に変換される．高分子膜のガス透過の分野ではガスの透過量をモルではなく，0°C，1気圧の標準状態におけるガスの体積（単位は $cm^3(STP)$）に換算していることから，ガスの透過係数は次式より求まる．

$$P = \frac{dp}{dt}\frac{l}{A \cdot \Delta p}\frac{273.15 \times V}{(273.15 + t) \times 76} \tag{2.73}$$

ここで，dp/dt が定常状態における透過側容積 V での単位時間あたりの圧力増加を示す．Δp は高分子膜の供給側と透過側の圧力差 $(= p_1 - p_2)$ に相当し，供給側圧力 $p_1 \gg$ 透過側圧力 p_2 の関係を維持することにより，p_1 と等しいとする．膜厚，膜面積そして測定温度は，それぞれ l, A, t で表される．

表 2.1 に透過実験により記録された時間と透過側の圧力変化を示す．これら

表 2.1　透過実験により記録された時間と透過側の圧力変化.

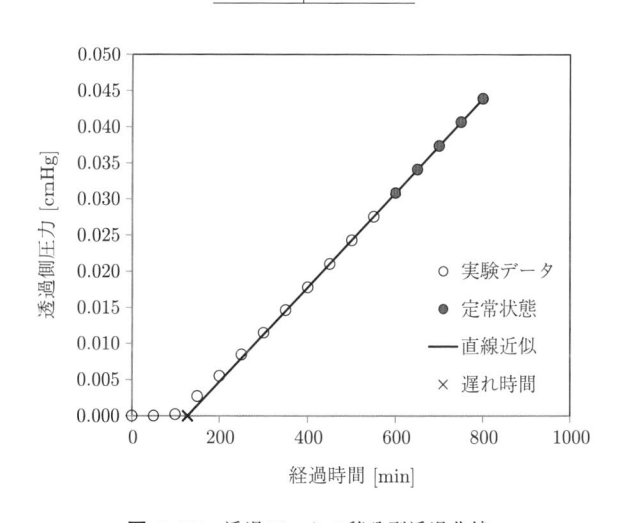

t [min]	p [cmHg]
0	0.00000
50	0.00000
100	0.00022
150	0.00272
200	0.00552
250	0.00846
300	0.01150
350	0.01464
400	0.01780
450	0.02102
500	0.02428
550	0.02754
600	0.03082
650	0.03410
700	0.03736
750	0.04064
800	0.04388

図 2.15　透過データの積分型透過曲線.

の数値から積分型透過曲線を作成し図 2.15 に示す．測定時間が長く経過した部分でグラフの傾きが直線になっていることが確認できる．その傾きを定常状態での dp/dt とする．さらに，この直線部分を x 軸と交差するまで延長したと

表 2.2 透過係数および拡散係数の計算に必要な値.

直　径	5	cm
測定温度	30	°C
面　積	19.6	cm^2
透過側容積	200	cm^3
膜　厚	0.0050	cm
供給圧力	40	cmHg
dp/dt	1.09×10^{-6}	cmHg/s

きの x 軸での交点が遅れ時間 θ に相当する.**表2.2** は透過係数および拡散係数の計算に必要な値を単位とともに示す.これらの数値を式 (2.73) に代入すると透過係数は以下のように計算される.

$$P = 1.09 \times 10^{-6} \cdot \frac{0.0050}{19.6 \times 40} \cdot \frac{200 \times 273.15}{76(30 + 273.15)} = 1.6 \times 10^{-11}$$

このとき透過係数の単位は,cm^3(STP)$\cdot$cm/(cm$^2 \cdot$s$\cdot$cmHg) となる.

拡散係数は遅れ時間 θ ($= 128$ min $= 7680$ s) と式 (2.64) より,

$$D = \frac{0.0050^2}{6 \times 7680} = 5.4 \times 10^{-10} [\text{cm}^2/\text{s}]$$

溶解度係数は溶解拡散機構を示す $P = D \times S$ の関係より以下のように求まる.

$$\begin{aligned} S &= \frac{P}{D} = \frac{1.6 \times 10^{-11} \, [\text{cm}^3(\text{STP}) \cdot \text{cm}/(\text{cm}^2 \cdot \text{s} \cdot \text{cmHg})]}{5.4 \times 10^{-10} \, [\text{cm}^2/\text{s}]} \\ &= 0.030 \, [\text{cm}^3(\text{STP})/(\text{cm}^3 \cdot \text{cmHg})] \end{aligned}$$

上記の計算例からもわかるとおり,透過係数および拡散係数,溶解度係数は測定温度における膜固有の係数であり,他の測定条件は任意に選ぶことができる.その場合,同じ物差しで異なった高分子膜の性質を議論するためには,高分子膜の置かれている条件の中で,どの条件が同一に保たれているのかを把握する必要がある.通常,測定をするためには温度,ガスの供給圧(水蒸気の場合は相対湿度),高分子膜の厚さ(膜厚)を任意に決めることができる.

例えば,ある膜製品の酸素の通しやすさを表すときに酸素透過 (O$_2$ GTR, OTR: Oxygen Transmission Rate) を用いる.ガス全般を対象にするならば"透過速度","透過度","透過率",など日本語では複数の訳語をもつが英語では "Permeation Rate" と呼ばれる.最近では "GTR: Gas Transmission Rate"

も用いられている．単に透過度と呼んで Rate の頭文字から，これを R で表し，流束を供給圧力で割ることで求められる．

$$R = \frac{J}{\Delta p} = \frac{Q}{A \cdot \Delta t \cdot \Delta p} \tag{2.74}$$

膜厚が不明であっても測定できる実用的な値で，均質膜，非対称膜，複合膜，ラミネート膜，蒸着膜などあらゆる膜製品の比較に用いられる．実際，特殊な場合を除いて高分子膜に対する酸素の透過係数が供給圧力によらず，ほぼ同一の値を示すことが知られていることから，異なった供給圧で測定された透過データから導かれた酸素透過率であっても膜製品の性能比較に用いることができる．

一方，透過種が水蒸気の場合は事情が異なる．膜製品の水蒸気の通しやすさが湿度依存性（供給圧依存性）や膜厚依存性を示す場合があり，流束（水蒸気透過度あるいは WVTR: Water Vapor Transmission Rate）を用いて膜の性能比較をする．膜厚と温度，湿度が同じであれば高分子膜素材の比較が可能である．膜厚が異なった場合（あるいは不明）でも A 社の膜製品と B 社の膜製品で水蒸気を通しやすいのはどちらかといった判断は可能である．

膜の性能を評価する場合に用いる物差しが何かによって，数値は大きく異なる．単純に数値だけの議論をすると相手が流束と透過率のどちらを用いているかによって，議論が意味をなさなくなる．同様な問題に単位がある．科学の様々な分野において慣例で用いられる単位が SI 単位系のものと異なる場合がある．膜透過の分野でも従来より SI 単位糸と異なる単位が用いられている．上記の計算例で用いた単位は学術論文などで古くから用いられている単位である．SI 単位系でこれを置き換える場合には以下の関係を用いるとよい．

$$\begin{aligned}
P &= 1\,[\mathrm{cm}^3(\mathrm{STP}) \cdot \mathrm{cm}/(\mathrm{cm}^2 \cdot \mathrm{s} \cdot \mathrm{cmHg})] \\
&= (22400\,\mathrm{cm}^3)^{-1} \times (10^{-2}\,\mathrm{m})/(10^{-4}\,\mathrm{m}^2) \times (\mathrm{s}) \times (101325\,\mathrm{Pa}/76) \\
&= \frac{76}{22400 \times 1013} = 3.35 \times 10^{-6}\,[\mathrm{mol} \cdot \mathrm{m}/(\mathrm{m}^2 \cdot \mathrm{s} \cdot \mathrm{Pa})]
\end{aligned}$$

いずれにせよ"透過性"は便利な言葉なので，測定条件を限定した流束あるいは透過率を話題にするのか，高分子膜の素材の性質として透過係数を用いて議論するのか同意が得られている状況であれば，いずれかの物差しを"透過性"と呼び，用いることは差し支えない．

2.3.5 溶解性

高分子膜を箱とするならば，その箱に低分子がどれだけ入るのかということが溶解性を表す．しかしながら，これは低分子が隙間なく箱の中に敷き詰められることを意味するのではない．高分子膜の内部と外部の間で低分子は常に分配される．外部の低分子が高濃度であれば，低濃度の場合よりも高分子膜に取り込まれる低分子の量は増加する．もし外部の低分子がある濃度に到達したとき，箱が低分子によってすでに満たされてしまったならば，さらに外部濃度を高めていくと箱の大きさが広がっていくかもしれない．このような状態は膨潤に相当する．この低分子の高分子膜への取り込み量は，極少量の場合もあれば，膜を変形させるほど多量の場合もあり，高分子および低分子双方の物理化学的性質によって決まる．低分子の外部濃度が等しくても，高分子と低分子の組み合わせが異なれば低分子の取り込み量は異なる．まず高分子膜へ低分子が取り込まれる現象が，他の材料と低分子の間で起こる現象とどのように異なるのか考えてみたい．

水のような液体に酸素や炭酸ガスなどのガスが溶ける現象を吸収 (absorption) と呼び，無機材料のような金属表面と気相の界面にガス分子が気相よりも高濃度に局在する現象を吸着 (adsorption) と呼ぶ．高分子膜に低分子が取り込まれる現象は，そのいずれかではなく両方の現象から成り立ち，収着 (sorption) と呼ぶ．低分子が高分子膜を溶解拡散機構によって透過するには，まず供給側の高分子膜界面で低分子が吸着し，続いて，高分子膜内部に潜り込む吸収が行われなければならない．しかしながら，高分子膜における低分子の吸収現象と吸着現象を分離して観測することが困難なことから，これら二つの現象を合わせた高分子膜に対する低分子の取り込み量を収着量として観測している．よって，収着とは二つの言葉の"収"と"着"を合わせて生まれた造語である．

高分子膜に対する低分子の収着が平衡状態にあるとき，その取り込み量（収着量）は Henry の法則に相当する式 (2.69) で表される供給側界面の濃度と同一と定義される．これは Fick の第 2 法則の境界条件における透過が始まると同時に $(t > 0)$ 供給側高分子膜界面の濃度は，平衡状態の収着量と等しく，常に一定に保たれることに相当する．透過実験からは透過係数を拡散係数で割ることにより溶解度係数が間接的に求まるが，収着実験を別に行うことで平衡収着量および溶解度係数を直接求めることができる．

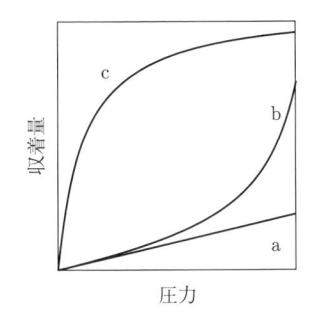

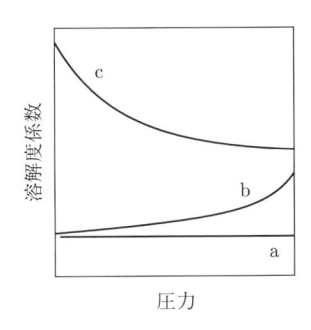

図 2.16 低圧領域における典型的な収着等温線と溶解度係数の圧力依存性.

収着実験とは高分子膜をガラスやステンレスなどの密閉できる容器に入れ，真空ポンプにより容器の内部を減圧にし，高分子膜に収着しているガス分子を十分に除去した後，測定対象となるガスを目的とする圧力を示すまで導入し，時間に対する高分子膜の質量変化を測定することである．ガス導入後，ガス分子が高分子膜に取り込まれていくため高分子膜の質量は時間の経過とともに増加し，この増加は導入直後では速く，次第に緩やかになり，十分に長い時間が経ったとき高分子の質量は一定値に近づく．このとき，高分子膜へのガスの収着は平衡状態に到達し，容器内のガスの圧力は平衡圧力となる．ガスの収着量 C はガス導入開始から平衡状態までの高分子膜の質量増加から，高分子膜の単位体積あるいは単位質量あたりに収着しているガスの量（単位は g/g, g/cm^3, cm^3(STP)/cm^3 など）として表される．ガスの様々な圧力で平衡状態にある収着量を測定することで収着等温線が得られる．また，2.3.3 項で述べた透過実験の遅れ時間から拡散係数が評価できるように収着実験における収着量の時間変化から拡散係数の評価は可能であるが詳細は 2.3.6 項で取り扱う．

ガスの平衡収着量 C はガスの圧力 p の関数となり（$C = f(p)$），収着等温線には様々なタイプがある．図 2.16 に低圧領域における典型的な収着等温線を示す．圧力と収着量の関係が直線になる a の形は Henry 型と呼ばれ，熱力学的理想型である．ヘリウムやアルゴンのような不活性なガスは高分子と相互作用が小さく，このようなガスがゴム状高分子に対して収着する場合は収着量は極わずかでガスの圧力に比例する．低圧領域において，その他の収着等温線で圧力軸に対して凹や凸の曲線になる場合は，高分子と低分子の相互作用が大きく，圧力とともに収着量が増大する b の形や高分子膜中に低分子と特異的な吸着座

席をもち，圧力が小さいところでの収着量の増加が顕著な c の形がある．収着等温線を高圧領域まで拡張すると c の形に a の形を合わせた二元収着型や変曲点が表れ b の形が組み合わさった S 字曲線が観察される場合がある．

　溶解度係数 S は収着量 C を平衡状態での圧力 p で割ることにより求まる．このとき S の単位は $cm^3(STP)/(cm^3 \cdot cmHg)$ あるいは $g/(g \cdot cmHg)$ で表されることが多い．図 2.16 に示すように Henry 型の収着挙動の場合は溶解度係数は圧力によらず一定の値を示すが，高分子と低分子の相互作用が大きい場合は溶解度係数は圧力とともに増加し，一方，特異的な吸着座席が高分子膜にある場合は圧力が増加するにつれ溶解度係数は減少していく．透過実験で得られた透過係数と遅れ時間から求めた拡散係数を用いて溶解度係数を計算する方法があるが，これは溶解度係数が圧力に依存しない場合のみ用いることができる．

　高分子膜に対するガスや蒸気の溶解度係数はその組み合わせにより様々な値をとるが，化学構造の異なる高分子膜の酸素の収着量の違いよりも同一の高分子膜に対する酸素と炭酸ガスの収着量は炭酸ガスの方が多い傾向にある．van Amerogen[8] は天然ゴムに対するガスや蒸気の溶解度係数を沸点や臨界温度との間で，Michaels ら [9] はポリエチレンのガスの溶解度係数と Lennard-Jones の力定数との間で直線関係があることを見いだした．このような傾向を様々な高分子とガスおよび蒸気の透過係数，拡散係数，溶解度係数が一覧としてまとめられている Polymer Handbook[10] より引用した低密度ポリエチレンの溶解度係数の臨界温度および沸点，Lennard-Jones の力定数に対する関係を図 2.17 に示す．永久気体よりも凝集性が高いガスや蒸気が高い溶解度係数をもつことがわかる．

　ゴム状高分子膜の無定型部分へのガスや蒸気の平衡収着量が小さい場合は，供給された圧力に比例して Henry 則に従って低分子が高分子膜に取り込まれる．一方，ゴム状高分子膜への低分子の溶解度が大きくなると低分子と高分子の混合の寄与が重要になる．このような場合の収着等温線は図 2.16 に示すように収着量は，圧力軸に対して凸で途中に変曲点をもたず，圧力が高くなるにつれ無限大になっていく形となり，Flory-Huggins の格子理論によって解析される．この理論では低分子溶液の混合の場合と同様な混合のエンタルピーに関する考え方をし，低分子と高分子は完全に無秩序に混じり合っていると仮定される．低分子溶液と高分子溶液での考え方の違いは，低分子溶液の場合は溶媒分子と溶質分子の大きさが同じで場所の交換が自由に行われると仮定されるのに

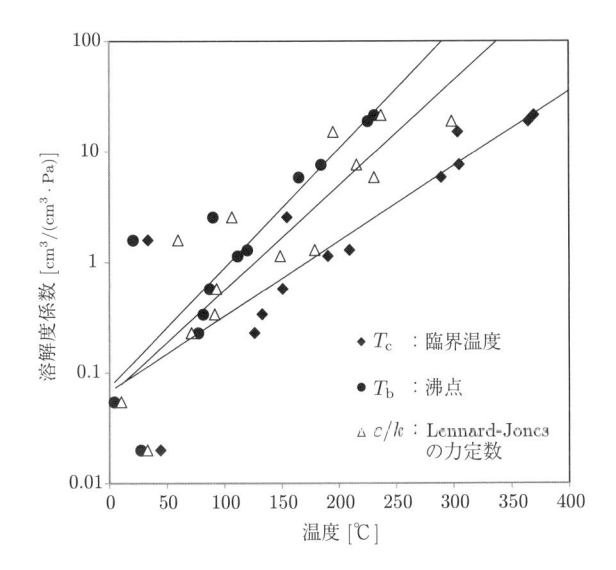

図 2.17 ポリエチレンに対するガスの溶解度と沸点・臨界温度・Lennard-Jones の力定数との関係.

対し，溶質が高分子の場合は溶媒分子と同じ大きさの要素が複数連なって高分子が構成されていると考える．この要素の一つ一つをセグメントと呼び，各セグメントが溶媒分子と場所の交換が可能である．長い鎖状高分子は x 個のセグメントからなり高分子は x 個の連結された座席の中に入っていなければならない．低分子および高分子が溶媒と混合する様子を格子状のモデルにし図 **2.18** に示す．理想溶液の混合のエントロピー変化はモル分率を用いて表されるが

$$\Delta S_{\text{mix}} = -k(n_1 \ln N_1 + n_2 \ln N_2) \tag{2.75}$$

高分子溶液の混合のエントロピー変化は容積分率を用いて表す．

$$\Delta S_{\text{mix}} = -k(n_1 \ln v_1 + n_2 \ln v_2) \tag{2.76}$$

ここで，溶媒および高分子の容積分率 v_1, v_2 はセグメント数 x を用いて次式のようになる．

$$v_1 \equiv \frac{n_1}{n_1 + n_2 x}, \quad v_2 \equiv \frac{n_2 x}{n_1 + n_2 x} \tag{2.77, 2.78}$$

溶媒分子と溶質の分子サイズが同じ（$x = 1$）であれば容積分率はモル分率と

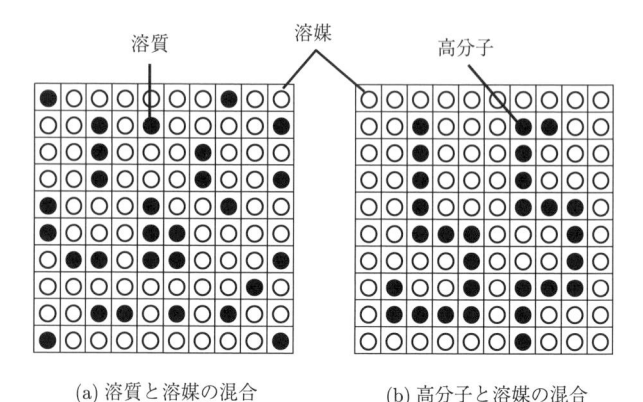

(a) 溶質と溶媒の混合   (b) 高分子と溶媒の混合

図 2.18 Flory-Huggins の格子モデル．

等しくなり式 (2.75) と式 (2.76) は一致する．高分子溶液の混合のエンタルピーは溶媒分子と高分子の相互作用パラメータ χ（カイ）を用いて次式で表される．

$$\Delta H_{\mathrm{mix}} = kT\chi n_1 v_2 \tag{2.79}$$

混合の自由エネルギーは混合のエントロピーとエンタルピーより

$$\Delta G_{\mathrm{mix}} = \Delta H_{\mathrm{mix}} - T\Delta S_{\mathrm{mix}} = kT[n_1 \ln v_1 + n_2 \ln v_2 + \chi n_1 v_2] \tag{2.80}$$

この式を n_1 で微分し，分子あたりの自由エネルギーからモルあたりの自由エネルギーである化学ポテンシャルを求めると次式で表される．

$$\Delta \mu_1 = RT\left[\ln v_1 + \left(1 - \frac{1}{x}\right)v_2 + \chi v_2^2\right] \tag{2.81}$$

これは溶液中の溶媒の化学ポテンシャルと純溶媒の化学ポテンシャルの差を表している．純溶媒の飽和蒸気圧 p_{st} を，容積分率 v_1 の溶液の溶媒の蒸気圧を p とすると $\Delta\mu_1$ は，これら二つの蒸気圧をもつ蒸気の自由エネルギーの差と等しいことから

$$\Delta \mu_1 = RT \ln\left(\frac{p}{p_{\mathrm{st}}}\right) \tag{2.82}$$

平衡状態では式 (2.81) と式 (2.82) は等しいことから

$$\ln\left(\frac{p}{p_{\mathrm{st}}}\right) = \ln v_1 + \left(1 - \frac{1}{x}\right)v_2 + \chi v_2^2 \tag{2.83}$$

あるいは
$$\frac{p}{p_{\text{st}}} = v_1 \exp[(1-x^{-1})v_2 + \chi v_2^2] \tag{2.84}$$

ここで，高分子のセグメント数が非常に大きく，溶媒の収着量がわずかな v_2 が 1 に近い場合は，Henry の法則と同じ形で表される．

$$v_1 = \frac{p}{p_{\text{st}}} \exp[-(1+\chi)] \tag{2.85}$$

式 (2.84) と式 (2.85) は高分子溶液だけではなく固体状態の高分子膜への溶媒の収着にも適用される．その際，収着量を容積分率で表し相対蒸気圧 p/p_{st} との関係を求めると収着等温線となる．

高分子膜への低分子の収着挙動で圧力が低い領域で収着量の増加が顕著な場合に Langmuir 吸着と他の溶解機構が同時に起こり，圧力の増加とともに Langmuir 吸着に起因する特異的な吸着座席が飽和し，その後その他の溶解機構に従って収着量が増加していく現象が観測されることがある．Langmuir 吸着と Henry 則の溶解機構からなる二元収着機構はガラス状高分子に対する炭酸ガスなどの凝集性のガスの収着等温線で観測される．収着量の圧力依存性の式は次式で表される．

$$C = C_{\text{D}} + C_{\text{H}} = k_{\text{D}} p + \frac{C'_{\text{H}} bp}{1+bp} \tag{2.86}$$

ここで，C_{D} は Henry 則による収着量，C_{H} は Langmuir 吸着による収着量を表しており，下付の添え字 D と H はそれぞれ，Dissolution（溶解）と Hole（孔）の頭文字からとっている．k_{D} は Henry の法則に従って膜に溶解したガスの溶解度係数，C'_{H} はガスの単分子層吸着が飽和したときの収着量，b は孔親和定数である．ガラス状高分子における"孔"はガラス転移温度以下で分子運動が凍結した際に生じる未緩和体積が相当すると考えられている．ガスの圧力が非常に低い領域で収着が起こる場合は

$$C = (k_{\text{D}} + C'_{\text{H}} b)p \tag{2.87}$$

となり収着量が圧力に正比例する Henry 型になる．一方，Langmuir 吸着サイトが飽和している高圧領域では

$$C = k_{\text{D}} p + C'_{\text{H}} \tag{2.88}$$

低圧領域と同様に圧力の一次関数で表される．二元収着機構で表される収着等

温線の特徴は低圧および高圧領域では圧力に対する収着量の変化は線形であり，中間の圧力領域では圧力軸に対して凹型になる．親水性高分子に対する水の収着においては，吸着機構は Langmuir 型に従うが，溶解機構に Flory-Huggis 型を示す場合がある．これは水蒸気圧が低いところでは，高分子の極性基に水が吸着し，さらに水蒸気圧が増加するにつれ膜が膨潤し，収着等温線に変曲点が現れる．このような収着等温線は S 字曲線を描く．

2.3.6 拡散性

ボールが斜面を転がり落ちるとき斜面の摩擦が大きければ斜面の傾きが急であってもボールの転がる速さは遅い．斜面の摩擦は高分子膜内を低分子が移動するときの抵抗に相当し，この抵抗の逆数が拡散係数である．実際の高分子膜を透過する低分子の量は Fick の第 1 法則で表されるように膜と接触する外部空間の低分子の濃度（あるいは圧力）勾配と拡散係数によって決まる．拡散係数は溶解度係数と同様に高分子膜と膜内を拡散する低分子の組み合わせによって固有の値をとる．

膜の中を移動する低分子の速度に相当する拡散係数の値は透過実験と収着実験から求められる．透過実験からは遅れ時間を用いて拡散係数が計算されることを 2.3.3 項ですでに述べた．ここでは，収着実験から拡散係数を求める方法を詳細に述べる．収着実験では透過実験と異なり膜の両側から低分子が膜の中に入ってくる．膜厚 l の高分子膜を低分子の圧力 p である雰囲気にさらすと直ちに膜表面の濃度が $c_0 (= Sp)$ となると仮定する．低分子の拡散は膜の中心を $x = 0$ とし $-l/2$ から $l/2$ の範囲を x 方向へ行われるとき以下の境界条件と初期条件を用いて

・境界条件
$$t > 0, \quad x = 0, \qquad \partial c/\partial x = 0$$
$$t > 0, \quad x = \pm l/2, \quad C(0,t) = c_0$$

・初期条件
$$t = 0, \quad l/2 > x > -l/2, \quad C(x,0) = 0$$

式 (2.52) の Fick の第 2 法則を解くと

$$c(x,t) = c_0 - \frac{4c_0}{\pi} \sum_{n=0}^{\infty} \left\{ \frac{(-1)^n}{2n+1} \right\} \cos\left\{ \frac{(2n+1)\pi x}{l} \right\} \cdot \exp\left\{ \frac{-D(2n+1)^2\pi^2 t}{l^2} \right\}$$
(2.89)

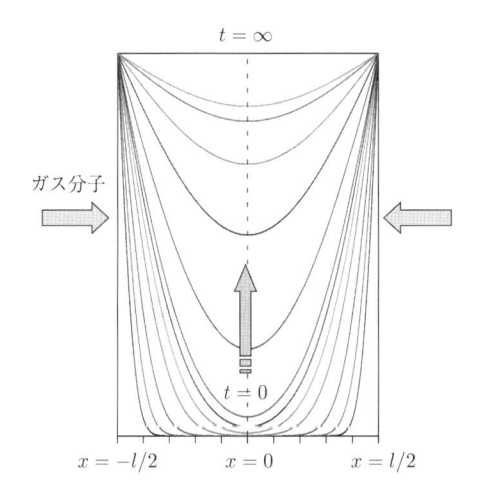

図 2.19 収着実験における濃度分布の時間変化.

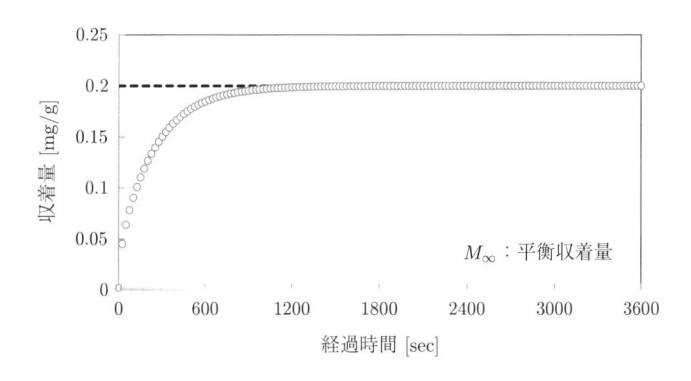

図 2.20 収着速度曲線の例.

この式を用いた高分子膜内の低分子の濃度分布の時間変化を図2.19に示す.

$$M(t) = 2\int_0^{1/2} c(x,t)dx \tag{2.90}$$

膜厚 l の膜に収着する経過時間 t におけるガスの量 $M(t)$ は膜厚から $l/2$ の範囲における $c(x,t)$ の積分により求まる. 図2.20に拡散係数が濃度や時間によらず一定の膜の例として膜厚が $50\,[\mu\mathrm{m}]$, 拡散係数が $10^{-8}[\mathrm{cm}^2/\mathrm{s}]$, 平衡収着量が $0.2\,[\mathrm{mg/g}]$ の膜の収着量と時間の関係を表す収着曲線を示す. 換算収着曲線は $M(t)$ と $t=\infty$ における収着量 M_∞ の比で表すことで得られる.

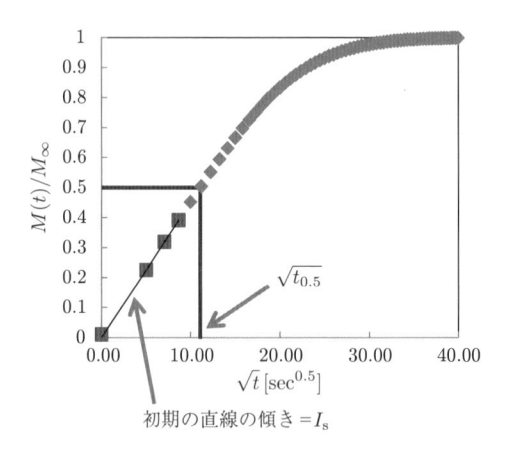

図 2.21 初期計算法と半減時間法に用いる換算収着曲線.

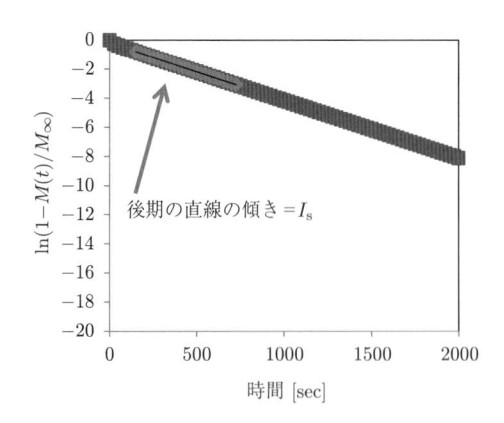

図 2.22 後期計算法に用いる換算収着曲線.

$$\frac{M(t)}{M_\infty} = \frac{\int_0^{1/2} c(x,t)dx}{\int_0^{1/2} c(x,\infty)dx} = 1 - \sum_{n=0}^{\infty}\left\{\frac{8}{(2n+1)^2\pi^2}\right\}\cdot\exp\left\{\frac{-D(2n+1)^2\pi^2 t}{l^2}\right\}$$
(2.91)

拡散係数が濃度に依らず一定と仮定した場合,換算収着曲線を用いて次の三つの方法で拡散係数を求めることができる.図 2.21 に初期計算法と半減時間法に用いる収着曲線,図 2.22 に後期計算法に用いる収着曲線を示す.

(i) 初期計算法

x 軸を時間の平方根, y 軸を $M(t)/M_\infty$ として収着曲線を描き, $M(t)/M_\infty < 0.5$ の領域での直線部分の勾配を求め, これを I_s とすると,

$$D = \frac{\pi \cdot l^2 \cdot I_\mathrm{s}^2}{16} \tag{2.92}$$

(ii) 半減時間法

平衡収着量の半分 ($M(t)/M_\infty = 0.5$) の収着量になるときの時間 $t_{0.5}$ を求め

$$D = \frac{\pi \cdot l^2}{64 \cdot t_{0.5}} \tag{2.93}$$

(iii) 後期計算法

x 軸を時間, y 軸を $\ln(1 - M(t)/M_\infty)$ として収着曲線を描き, $M(t)/M_\infty > 0.5$ の領域での直線部分の勾配を求め, これを I_s とすると,

$$D = \frac{-l^2 \cdot I_\mathrm{s}}{\pi^2} \tag{2.94}$$

D に濃度依存性がない場合にこれらの三つの方法で求められる D の値は一致する.

透過実験の遅れ時間から拡散係数が求まるのは, 厳密には膜が無定形ゴム状高分子であり, ある低分子との組み合わせで拡散係数が濃度によらず一定の場合に限られる. 実際の高分子膜材料はガラス状態や結晶領域を含むものなど多岐にわたる. さらに高分子と低分子の組み合わせによっては拡散係数が濃度依存性を示し, 透過実験や収着実験のいずれかだけで高分子膜の拡散係数を求めることはできない. 拡散係数が濃度のみに依存する Fick 型の場合には, Fick の第 1 法則は次式で表される.

$$J = -\overline{D}\frac{\partial c}{\partial x} \tag{2.95}$$

$\overline{D}$ は濃度平均拡散係数 (integral mean diffusion coefficient) と呼ばれ,

$$\overline{D} = \frac{1}{C_\mathrm{h} - C_\mathrm{l}} \int_{C_\mathrm{l}}^{C_\mathrm{h}} D(c)dc \tag{2.96}$$

ここで, C_h と C_l は供給側および透過側の膜界面の濃度であり, 濃度依存性のある相互拡散係数 $D(c)$ を $c = C_\mathrm{l}$ から C_h まで積分することで得られる. 供給

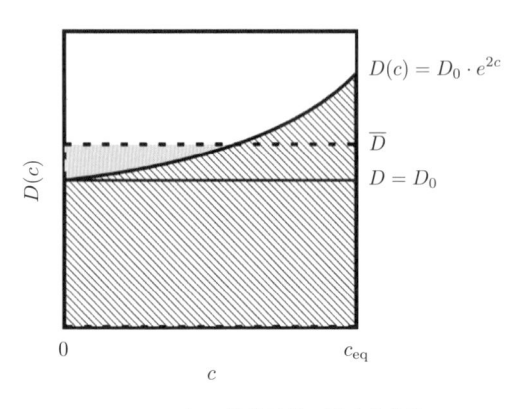

図 2.23　相互拡散係数の濃度依存性.

側の膜界面の濃度 C_h を収着平衡時の濃度 c_eq と等しいとし，透過側の膜界面の濃度 C_l を限りなくゼロと仮定すると $\overline{D}$ は次式で表される.

$$\overline{D} = \frac{1}{c_\mathrm{eq}} \int_0^{c_\mathrm{eq}} D(c) dc \tag{2.97}$$

溶解拡散機構 $(P = D \times S)$ より，同じ供給圧力（濃度）で実施した透過実験の定常状態から求めた透過係数 $\overline{P}$ と収着実験の平衡状態から求めた $S(= c_\mathrm{eq}/p)$ を用いて濃度平均拡散係数 $\overline{D}$ を計算する.

$$\overline{D} = \frac{\overline{P}}{S} \tag{2.98}$$

ここで，c_eq は透過実験では供給側膜界面の低分子の濃度であり，収着実験では膜の平衡収着量である．供給圧が等しければ，どちらの実験においても c_eq は同じである．図 2.23 に相互拡散係数が $D(c) = D_0 e^{2c}$ で表される場合の濃度 c と $D(c)$ の関係を示す．$c = 0$ のときの $D(c)$ は D_0 に相当する．$D(c)$ は濃度とともに指数関数で増加する．この曲線で囲まれた図中の斜線部分の面積は，点線の四角で囲まれた面積 $\overline{D} \times c_\mathrm{eq}$ と等しい.

$$\overline{D} \times c_\mathrm{eq} = D_0 \int_{c=0}^{c_\mathrm{eq}} e^{2c} dc = D_0 \int_{c=0}^{c_\mathrm{eq}} D(c) dc \tag{2.99}$$

異なった供給圧での $\overline{D} \times c_\mathrm{eq}$ と c_eq の関係から $D(c)$ を評価することができる.

　Fick の第 2 法則の解によって高分子膜中の低分子の濃度分布が与えられ，その際，拡散係数 D は定数である必要はない．拡散係数が濃度のみの関数によっ

て与えられるならば

$$D(C) = D_0\{1 + f(C)\} \tag{2.100}$$

境界条件が，$C = C_1, x = 0$ そして $C = C_2, x = 1$ の場合，一般解は

$$\frac{C_1 + F(C_1) + C - F(C)}{C_1 + F(C_1) - C_2 - F(C_2)} = \frac{x}{l} \tag{2.101}$$

ここで，$F(C)$ は $F(C) = \int_0^C f(C')dC'$ である．

相互拡散係数が濃度の指数関数 $D(c) = D_0 e^{\gamma c}$ として与えられる場合の定常状態における濃度分布を求めると（γ は可塑化パラメータ）

$$D(C) = D_0\{1 + (e^{\gamma C} - 1)\} \tag{2.102}$$

となり

$$f(C) = e^{\gamma C} - 1 \tag{2.103}$$

および

$$F(C) = \int_0^C (e^{\gamma C'} - 1)dC' = \left[\frac{1}{\gamma}e^{\gamma C'} - C'\right]_0^C = \frac{1}{\gamma}e^{\gamma C} - C - \frac{1}{\gamma} \tag{2.104}$$

$C_1 = C_{\text{eq}} = 1, C_2 = 0$ なので

$$\begin{aligned}
\frac{C_1 + F(C_1) + C - F(C)}{C_1 + F(C_1) - C_2 - F(C_2)} &= \frac{1 + F(1) + C - F(C)}{1 + F(1) - 0 - F(0)} \\
&= \frac{1 + \frac{1}{\gamma}(e^\gamma - 1) - \frac{1}{\gamma} + C - \frac{e^{\gamma C}}{\gamma} - C + \frac{1}{\gamma}}{1 + \frac{e^\gamma - \gamma}{\gamma} - \frac{1}{\gamma}} \\
&= \frac{e^\gamma - e^{\gamma C}}{e^\gamma - 1} = \frac{x}{l}
\end{aligned} \tag{2.105}$$

定常状態での濃度分布は次式で表される．

$$C = \frac{1}{\gamma} \ln\left[\frac{x}{l} + \left(1 - \frac{x}{l}\right)e^\gamma\right] \tag{2.106}$$

図 2.24 と**図 2.25** に拡散係数が一定の場合と，$\gamma = 2$ の場合の定常状態における濃度分布および $D(c)/D_0$ の変化を示す．拡散係数に濃度依存性がある場合は膜の供給側界面近傍で $D(c)$ は可塑化により大きな値をとっているが，濃度勾配は透過側界面近傍よりも緩やかである．結果として定常状態では膜厚方向

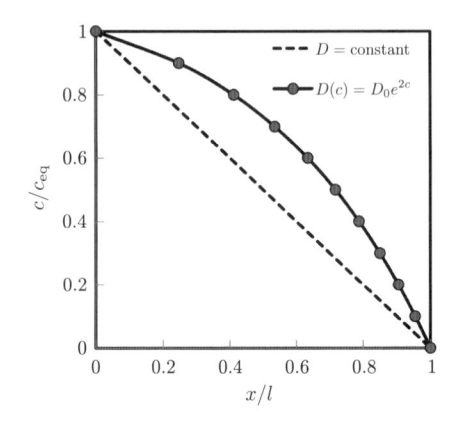

図 2.24 定常状態における膜内の濃度分布.

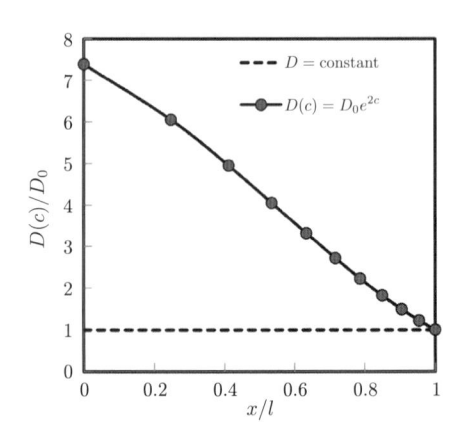

図 2.25 定常状態における膜内の相互拡散係数の変化.

(x 方向) に供給側から透過側に位置が変化するにつれ拡散性は低下し濃度勾配は増加する.そして,いずれの場所においても流束 J は一定である.

拡散係数の大きさの違いは高分子膜中の低分子が拡散する経路と低分子自身の大きさとの関係によって決まる.この拡散経路は自由体積と呼ばれ高分子鎖の熱振動の揺らぎによって生じる間隙 (分子鎖間隙) を指す.図 2.26 に高分子膜中の自由体積の概念図を示す.高分子鎖が紙面の裏から表に延びている状態を表している.高分子鎖一本一本が熱振動し点線で囲まれた範囲で絶えず位置を変化させている.高分子鎖間隙は広くも狭くもなり,低分子に隣接した間隙

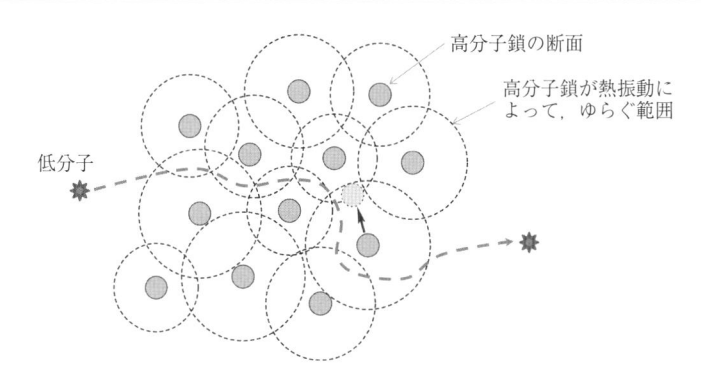

図 2.26　自由体積を用いた低分子の拡散.

が低分子のサイズよりも広がったときに低分子は拡散していく．自由体積 V_F は高分子膜全体が占める体積から，高分子鎖が占有する体積を差し引いた空間であり，実測の高分子膜の密度から求められる比体積 V と van der Waals 体積 V_0 の差である．

$$V_F = V - V_0 \tag{2.107}$$

van der Waals 体積は Bondi の原子団寄与法を用いて見積もられる．高分子膜中の低分子が拡散に利用できる空間の割合を自由体積分率 (fractional free volume) として拡散係数との関係を論じたものが自由体積理論である．

$$f = \frac{V_F}{V} \tag{2.108}$$

Cohen-Turnbull 理論 [12] を発展させた藤田の自由体積理論 [13] は拡散係数 D を以下のように定義する．

$$D = A_f RT \exp\left(-\frac{B_f}{f}\right) \tag{2.109}$$

ここで，A_f, B_f は拡散する低分子の形状，大きさに関する定数である．自由体積分率が増加すると拡散係数は大きくなり，低分子のサイズが大きくなると拡散係数は小さくなることを示している．

自由体積理論によって拡散係数は高分子の自由体積だけでなく低分子のサイズも重要であることが示された．Berens ら [11] によってまとめられたガスと蒸気の分子の大きさの一例を表2.3 に示す．d_{LJ} は Lennard-Jones の力定数より示される平均分子直径，d_b は van der Waals 直径，d_p は分子の密度または

表 2.3 ガスや蒸気の分子直径.

Molecule	d_{LJ} [nm]	d_{b} [nm]	d_{p} [nm]
He	0.258	0.340	0.376
H_2	0.297	0.353	0.362
H_2O		0.370	0.310
O_2	0.343	0.375	0.360
N_2	0.368	0.402	0.386
Ne	0.279	0.305	0.303
Ar	0.342	0.377	0.362
Kr	0.361	0.404	0.386
Xe	0.406	0.439	0.415
CO_2	0.400	0.414	0.405
CH_4	0.388	0.414	0.397
C_2H_6	0.422	0.473	0.448
C_3H_8	0.506	0.519	0.502
n-C_4H_{10}	0.500	0.588	0.550
n-C_5H_{12}	0.577	0.623	0.575
n-C_6H_{14}	0.591	0.660	0.601

モル容積と Avogadro 数から計算された分子直径である．計算方法により値は異なるが，同じ評価方法の中では分子の大きさの序列は同じである．ヘリウムなどの希ガスは分子量が大きくなるにつれて分子直径は大きくなる．C_1 から C_6 の炭化水素も同様な傾向を示す．酸素や窒素，炭酸ガスといった身近に存在するガスのサイズは酸素，窒素，炭酸ガスの順で大きくなる．よって分子サイズより高分子膜においては酸素の拡散係数の方が炭酸ガスの拡散係数よりも大きくなることは容易に推察できる．言い換えるならば高分子膜は非常にわずかな分子サイズの違いを認識するということである．

2.3.7 温度依存性

化学反応の速度が温度に依存するように高分子膜の透過現象も Arrhenius の式に従う．Arrhenius プロットでは x 軸に絶対温度の逆数，y 軸に透過係数の逆数をとる．グラフが直線で近似されるとき，温度 T における透過係数 P は次式で表される．

$$P = P_0 \exp\left(\frac{-E_\text{P}}{RT}\right) \tag{2.110}$$

ここで，P_0 は前指数因子（頻度因子），R は気体定数，E_P は透過の活性化エ

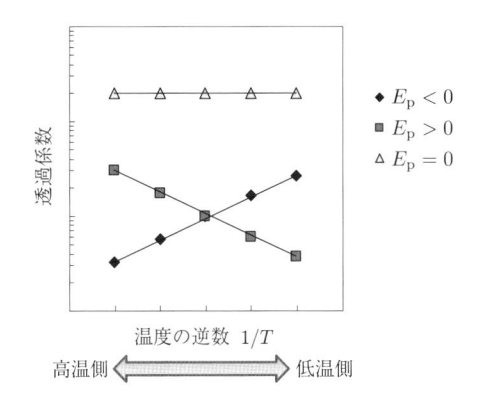

図 2.27 三つの異なる透過係数の温度依存性の模式図.

ネルギーである.溶解拡散機構より拡散係数と溶解度係数の温度依存性の積によっても表され,

$$P = D_0 \exp\left(\frac{-E_\mathrm{D}}{RT}\right) \cdot S_0 \exp\left(\frac{-\Delta H_\mathrm{S}}{RT}\right) = D_0 S_0 \exp\left(-\frac{E_\mathrm{D} + \Delta H_\mathrm{S}}{RT}\right) \tag{2.111}$$

次の二つの式が得られる.

$$P_0 = D_0 S_0 \tag{2.112}$$

$$E_\mathrm{P} = E_\mathrm{D} + \Delta H_\mathrm{S} \tag{2.113}$$

ここで,E_D は拡散の活性化エネルギー,ΔH_S は収着のエンタルピーである.E_D は正の値をとり,ΔH_S は凝集性のガスや蒸気の場合は負の値をとり,非凝集性の酸素などでは正の小さな値をとる傾向がある.E_D と ΔH_S の値によって E_P は正から負の値をとることが可能である.

図 2.27 に三つの異なる透過係数の温度依存性の模式図を示す.$E_\mathrm{P} > 0$ の場合は温度増加により拡散係数が増加する E_D の寄与が大きく,透過は拡散支配である.$E_\mathrm{P} < 0$ の場合は温度増加により溶解度係数が減少する ΔH_S の寄与が大きく,透過は溶解支配である.これは凝集性の高い分子の透過において観測されることがある.$E_\mathrm{P} = 0$ は E_D と ΔH_S が等しくなった結果である.透過係数および拡散係数,溶解度係数の温度依存性から透過する分子の特徴をつかむことができる.

図 2.28 にポリ塩化ビニル膜に対する水素および酸素,炭酸ガスの透過係数,

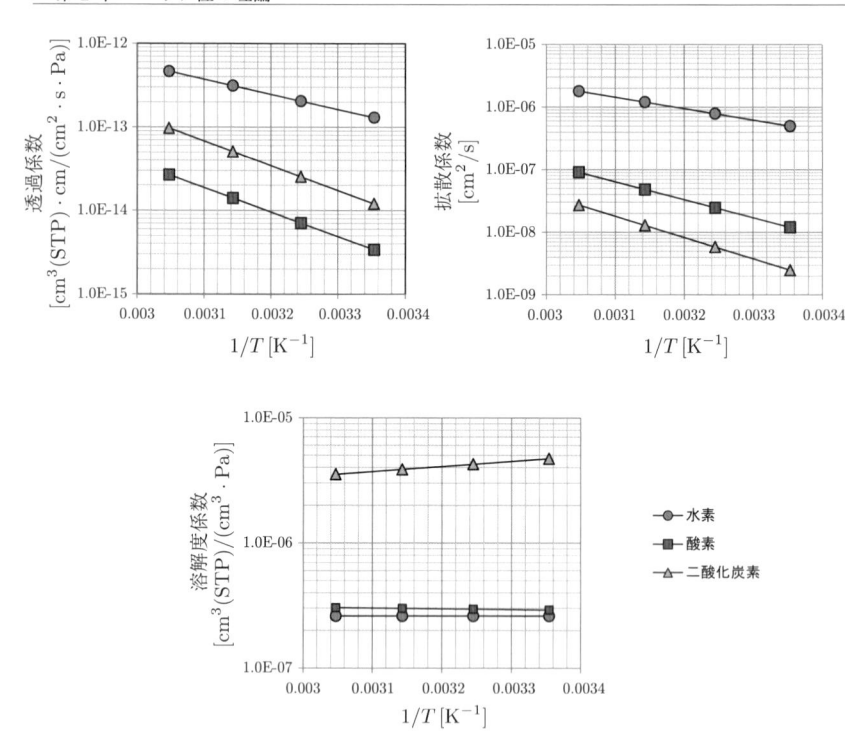

図 2.28 ポリ塩化ビニル膜の気体輸送パラメータの温度依存性.

拡散係数，溶解度係数の温度依存性を示す．ガスの透過しやすさは水素，炭酸ガス，酸素の順であるが，拡散性や溶解性の序列は同じではない．炭酸ガスよりも酸素の拡散係数が高く，水素と酸素の溶解度係数はほとんど変わらず，炭酸ガスの溶解度係数が他の二つのガスと比較して一桁高い値を示している．さらに E_D や ΔH_S の値に関係するグラフの傾きに着目すると拡散係数のグラフの傾きは全て負であることから E_D は正の値をとることがわかる．グラフの傾きは水素が最も緩やかで分子サイズと関連づけると分子サイズの大きな分子ほどグラフの傾きは急であり，E_D の値が大きいことを意味する．溶解度係数については炭酸ガスのグラフの傾きが正である．これは炭酸ガスが凝集性のガスであることを反映している．

溶解度係数の温度依存性は式 (2.111) 中に既出であるが，式中に現れる収着のエンタルピー ΔH_S は収着熱とも呼ばれ，低分子の凝集と凝集した低分子と高分子の混合の二つの機構が関係している．

$$\Delta H_\mathrm{s} = \Delta H_\mathrm{mix} - \Delta H_\mathrm{vap} \tag{2.114}$$

ここで，ΔH_vap は低分子の凝集に対応した蒸発エンタルピーで常に正の値をとる．ΔH_mix は混合熱であり，次式で表される．

$$\Delta H_\mathrm{mix} = V_\mathrm{A}(\delta_\mathrm{A} - \delta_\mathrm{B})^2 \phi_\mathrm{B} \tag{2.115}$$

ここで，添え字 A，B はそれぞれ低分子と高分子を表し，V_A は低分子の部分モル体積，ϕ_B は高分子の体積分率，δ_A および δ_B は低分子と高分子の溶解性パラメータである．溶解性パラメータは温度 T における対象とする分子の ΔH_vap と部分モル体積 V を用いて次式より求める．

$$\begin{aligned}\delta &= \left(\frac{\Delta H_\mathrm{vap} - RT}{V}\right)^{\frac{1}{2}} \\ &= \left(\frac{\Delta E_\mathrm{v}}{V}\right)^{\frac{1}{2}} = (CED)^{1/2}\end{aligned} \tag{2.116}$$

溶媒の溶解性パラメータは蒸発熱の値のあるものはこの式より計算され，Barton[14] や Brandrup[10] から溶媒や一部の高分子については値を得ることができる．ΔE_v は凝集エネルギーであり，1分子の溶媒を分子間力が無視できるほど遠くへ引き離すために必要なエネルギーに相当する．凝集エネルギーを部分モル体積で割ると凝集エネルギー密度 (CED) となる．溶解性パラメータは凝集エネルギー密度の平方根によって表される．高分子については蒸発熱が求められないため，繰り返し構造単位を官能基毎に分割し，それぞれの原子団に割りあてた凝集エネルギー E_coh と部分モル体積 V の総和により求める．

$$\delta = \left[\frac{\sum E_\mathrm{coh}}{V}\right]^{\frac{1}{2}} \tag{2.117}$$

低分子と高分子の溶解性パラメータが近いか同じ値をとる場合は親和性があり，δ_A と δ_B の差が小さくなるので混合熱が小さくなる．有機蒸気などで高分子との親和性が強い場合は $\Delta H_\mathrm{mix} < \Delta H_\mathrm{vap}$ となり，$\Delta H_\mathrm{s} < 0$ なので発熱混合となる．酸素や窒素などの非凝集性のガスは高分子との親和性も低く ΔH_mix が大きくなるため ΔH_mix と ΔH_vap の差が小さくなり，ΔH_s がゼロに近づき温度依存性が小さくなる．溶解性パラメータは親和性の指標であることから溶媒と高分子の溶解性パラメータが近い場合は溶媒に高分子が溶解する．

第 2 章 バリア性の理論

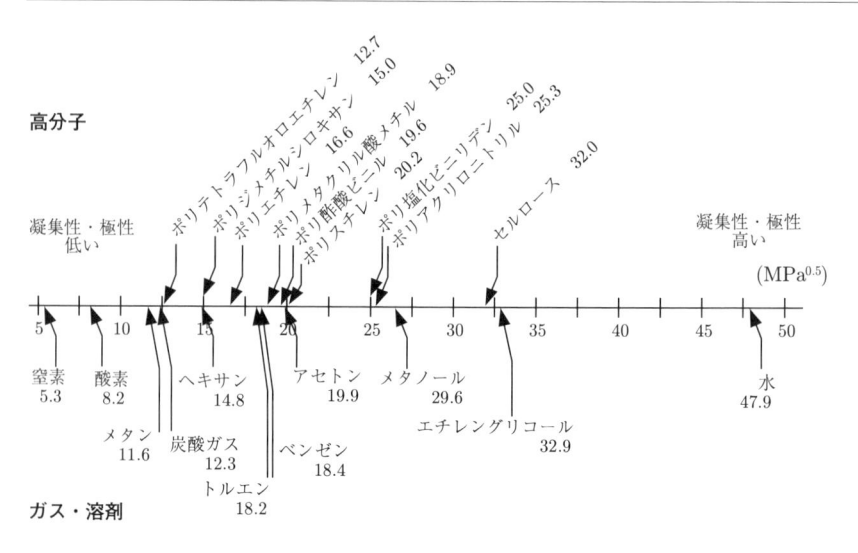

図 2.29 様々な高分子とガスおよび溶剤の溶解性パラメータ.

高分子 (MPa$^{0.5}$):
- 凝集性・極性 低い
- ポリテトラフルオロエチレン 12.7
- ポリジメチルシロキサン 15.0
- ポリエチレン 16.6
- ポリメタクリル酸メチル 18.9
- ポリ酢酸ビニル 19.6
- ポリスチレン 20.2
- ポリ塩化ビニリデン 25.0
- ポリアクリロニトリル 25.3
- セルロース 32.0
- 凝集性・極性 高い

ガス・溶剤:
- 窒素 5.3
- 酸素 8.2
- メタン 11.6
- 炭酸ガス 12.3
- ヘキサン 14.8
- トルエン 18.2
- ベンゼン 18.4
- アセトン 19.9
- メタノール 29.6
- エチレングリコール 32.9
- 水 47.9

　図 2.29 に様々な高分子とガスおよび溶剤の溶解性パラメータを示す．例えばポリスチレンとアセトンは溶解性パラメータがほとんど同じなのでポリスチレンはアセトンに溶解し，メタノールの溶解性パラメータは値が離れているのでメタノールには溶解しない．また，溶解性パラメータの値が大きいほど高分子も低分子も凝集性および極性が高い．

　拡散係数の Arrhenius プロットを用いた解析では，拡散する分子のサイズが大きいほど拡散の活性化エネルギー E_D の値が大きくなる傾向を示した．高分子鎖は絶えず熱振動をしており，高分子鎖が熱振動によって揺らぐ範囲が拡散する分子が利用できる自由体積である．自由体積は様々な大きさをとる高分子鎖間隙の総和であり，実際に拡散が起こるのは高分子鎖間隙が拡散分子の大きさよりも拡がったときである．Meares ら [15] は低分子が周囲に十分に広い空間を見いだしたとき移動し，この空間を図 2.30 に示すような円筒状の拡散経路とみなした．円筒の底面の直径と高さは，それぞれ低分子の直径 d と低分子が 1 回の跳躍で到達できる跳躍距離 λ と等しいことから，拡散の活性化エネルギーをこの円筒の体積を生成するために必要なエネルギーとし，次式のように円筒の体積と高分子の凝集エネルギー密度の積で表した．

$$E_\mathrm{D} = \frac{\pi}{4} d^2 \cdot \lambda \cdot CED \tag{2.118}$$

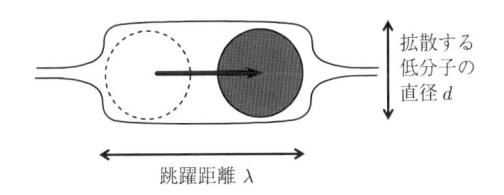

図 2.30 活性化状態の拡散経路.

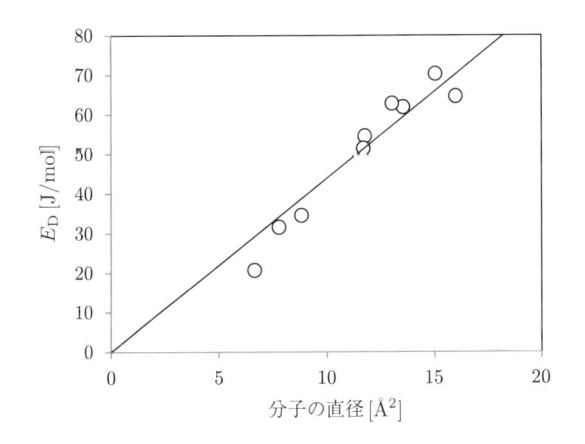

図 2.31 ポリ塩化ビニルのおけるガスの分子直径の 2 乗と活性化エネルギー.

図2.31 にポリ塩化ビニルのおけるガスの分子直径の 2 乗と活性化エネルギーの関係を示す．グラフは原点を通る直線関係にありグラフの傾きは $\pi \cdot \lambda \cdot CED/4$ となる．これは拡散係数が拡散する分子の分子量や体積よりも断面積と強い相関を示している．

温度依存性の議論より高分子膜の透過，拡散，溶解挙動に凝集エネルギー密度が深く関わっていることがわかる．バリア材の視点からはガスや有機蒸気を遮断するためには凝集エネルギー密度の高い高分子が適していることになる．一方，水蒸気に対しては高分子の凝集エネルギー密度がどのような因子によって高くなっているか注意が必要である．極性基すなわち水素結合能力の高い官能基が構造に含まれている場合は高分子の凝集エネルギー密度は高く見積もられる．そのような素材を利用した場合，極性基は水を引きつけることから水の収着量の増大（大きな溶解度）および可塑化による高分子鎖の運動性の増加（拡散係数の増加）など水蒸気の透過性を高める効果が働く．よって水蒸気バリア

向けの高分子は水との親和性の低い高分子の中から選択することになる．水素結合以外の効果によって凝集エネルギー密度が比較的高い高分子が水蒸気バリア用途には適していることになる．

2.3.8 結晶化度の影響

高分子の形態には無定形領域以外に結晶領域を含むあるいは液晶性を示すものがある．バリア材に有効な高分子の多くはポリエチレンやポリエチレンテレフタレートの様に結晶を含む半結晶性高分子である．無定形領域は高分子鎖が糸まり状あるいは絡まって存在する領域でガラス転移温度以上のゴム状態では盛んに熱振動をしている領域である．結晶領域は融点以上の溶融状態から融点以下に冷却される過程で無秩序な配置をとっていた一部の高分子鎖が規則正しく配列し，分子鎖が折りたたみ構造をとった領域である．室温ではポリエチレンはゴム状態の半結晶性高分子，ポリエチレンテレフタレートはガラス状態の半結晶性高分子の状態をとる．結晶領域では無定形領域よりも分子鎖が緻密に配列しており，分子鎖の熱振動は抑制されヘリウムのような小さなガス分子ですら結晶領域の自由体積は入り込めず拡散できない障害物として考えられている．

このような不透過性の充填剤と高分子からなる複合材の気体輸送特性は，結晶領域にはガスが溶解しないと仮定すると無定形状態にある高分子膜の溶解度係数を S_0，結晶領域を含む高分子膜の溶解度係数を S，結晶領域の体積分率を ϕ とすると次の関係が成り立つ．

$$S = (1 - \phi)S_0 \tag{2.119}$$

この膜の拡散性は結晶領域が不透過性障害物であるため低分子は，結晶領域を迂回して（迷路効果:tortuosity）拡散していくことから無定形状態にある高分子膜の拡散性よりも遅くなる．無定形状態にある高分子膜の拡散係数を D_0，結晶領域を含む高分子膜の拡散係数を D，曲路率を τ とすると次の関係が成り立つ．

$$D = \frac{D_0}{\tau} \tag{2.120}$$

式 (2.119) と式 (2.120) は $P = D \times S$ の関係から無定形状態の高分子膜に対する結晶領域を含む高分子膜の相対的な透過性 (P/P_0) として次式のようにまと

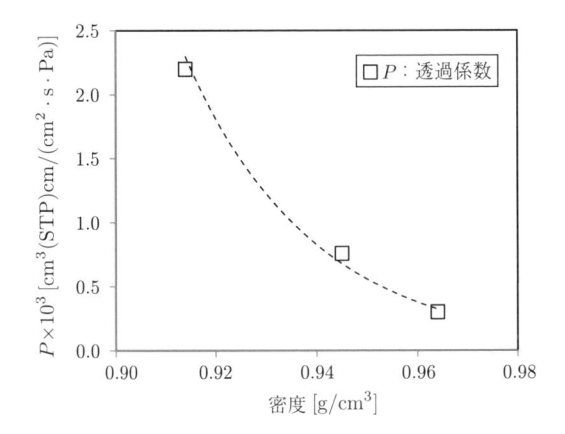

図 2.32 ポリエチレン膜の酸素透過性における密度依存性.

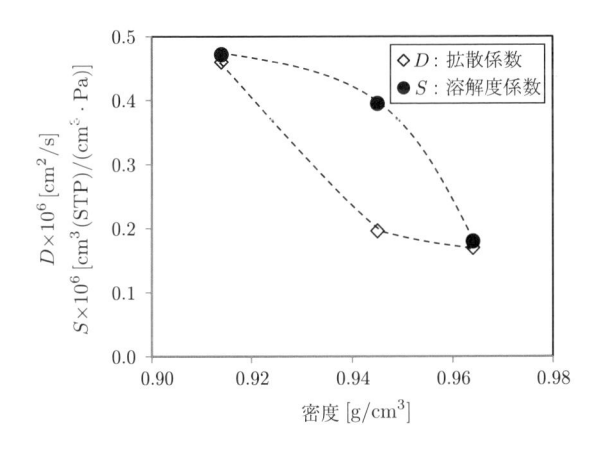

図 2.33 ポリエチレン膜に対する酸素の拡散係数と溶解度係数の密度依存性.

められる.

$$\frac{P}{P_0} = \frac{1-\phi}{\tau} \tag{2.121}$$

結晶化度の透過性への例として**図 2.32**と**図 2.33**にポリエチレン膜の密度の違いによる透過係数および拡散係数,溶解度係数の変化を示す.ポリエチレンは重合法によって低密度ポリエチレンや高密度ポリエチレンなど高分子鎖の枝分かれの違いにより密度の異なる膜が調製可能である.密度の違いは結晶化度に由来している.高分子鎖の枝分かれがほとんどない高密度ポリエチレンは結

晶化度が高いため密度も高くなる．密度が低密度ポリエチレンの $0.914\,\mathrm{g/cm^3}$ から高密度ポリエチレンの $0.964\,\mathrm{g/cm^3}$ に増加すると透過係数が約 1 桁減少している．このバリア性向上の寄与を拡散と溶解に分けると拡散係数の減少は式 (2.120) で表される迷路効果，溶解度係数は式 (2.119) で表される無定形領域の割合の減少によって定性的に説明ができる．

2.4　多層材中の物質移動

2.4.1　有機層と有機層

現在，我々の周りには多様な高分子フィルムが存在するが，これらフィルムがただ一つの材料から構成される単層フィルムであることは希である．例えば食品用途で使用される包装用フィルムなどは，機能付与のためにラミネートやコーティングによって機能層が必ず用いられており，これらフィルムは多様な材料による構成された機能層を重ね合わせた積層体となっている．ガスバリア層は中でもポピュラーな機能層であり，さらに詳細には，水蒸気と酸素，それぞれでガスバリア層に用いる材料は異なる．

複層材料中の物質移動は，直列に接続された抵抗に流れる電流の考え方と近い（図2.34）．直列に接続された二つの抵抗の抵抗値が R_1, R_2 のとき，これに電圧 V を印加すると，R_1, R_2 での電圧降下はそれぞれの抵抗値に比例する．このとき，電流値 I は回路中で一定であるから，それぞれの抵抗での電圧降下は

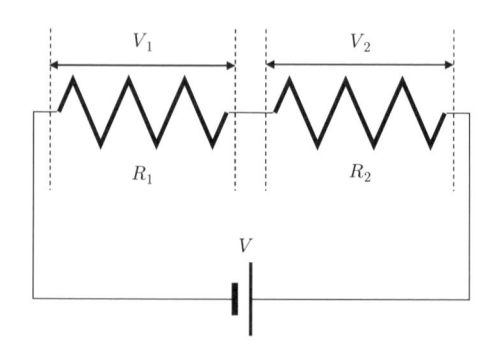

図 2.34　直列接続された抵抗での電圧降下．

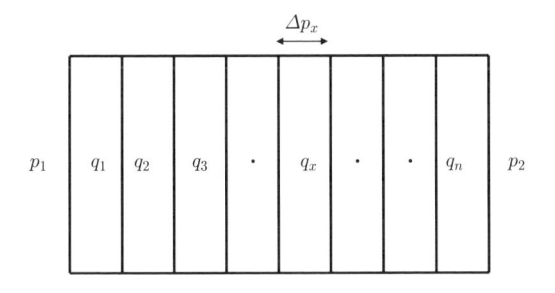

図 2.35　n 層の積層フィルム．

$$V_1 = I \times R_1$$
$$V_2 = I \times R_2 \quad (2.122)$$

と表され，このとき，電圧降下の和は印加電圧に等しいため，

$$V = V_1 + V_2 = I \times (R_1 + R_2) = I \times R \quad (2.123)$$

となり，この回路の合成抵抗 R が $R_1 + R_2$ に等しいことが求められる．

フィルム積層体のガス透過については，電流をガス流速 J に，電圧をフィルムの両側での分圧差に，抵抗はフィルムの透過度の逆数に置き換えて考えればよい．

n 層の積層体からなるフィルムがあり，フィルム片側がガス分圧 p_1，もう片側が p_2 であるとき，フィルム全体のガス透過度が q，第 x 層目の透過度が q_x で表されるとする（図 2.35）．透過度 q_x は気体透過係数を層の厚さで割ることで求められる．

このときフィルムの厚み方向でのガスの流速密度 J は，フィルム両側圧力差である分圧差 $\Delta p \ (= p_1 - p_2)$ と，透過度 q の積で表される．第 x 層にかかる分圧差を Δp_x とすると，定常状態では，J は厚み方向で一定であるため，以下の式が成り立つ．

$$J = \Delta p \times q = \Delta p_1 \times q_1 = \Delta p_2 \times q_2 = \Delta p_x \times q_x \cdots \quad (2.124)$$

各層に加わる分圧差は次式で表される．

$$\Delta p_x = \Delta p \frac{q}{q_x} \quad (2.125)$$

第 2 章 バリア性の理論

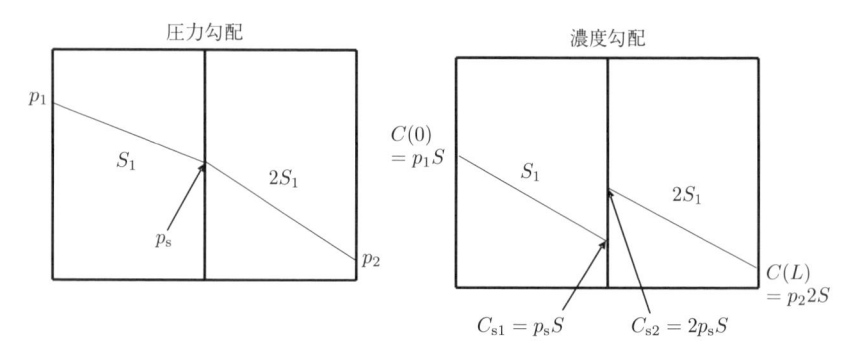

図 2.36 積層フィルム中での圧力勾配と濃度勾配.

各層に加わる分圧差の総和はフィルム全体の分圧差に等しいため,

$$\Delta p = \sum_{x=1}^{n} \Delta p_x = \Delta p \times q \sum_{x=1}^{n} \frac{1}{q_x} \tag{2.126}$$

よって,

$$q = \frac{1}{\displaystyle\sum_{x=1}^{n} \frac{1}{q_x}} \tag{2.127}$$

となり,式 (2.127) は,n 層からなる多層膜の透過度が各層の透過度の調和平均の n 分の 1 となることを表している.

このとき,フィルム内でのガスの圧力勾配は厚み方向で連続に減少または増加する.一方で濃度勾配は各層の物性によって不連続になることに注意する必要がある(**図 2.36**).

例えば 2 層で構成されるフィルムの片方の層の溶解度係数が S_1,もう一方の層が $2S_1$ だとすると,接触界面での圧力を p_s とするとき,界面での 2 層のガス濃度 C はそれぞれ $p_s S$, $2p_s S$ となるため,ガス濃度は界面で不連続となる.

各層が理想的な溶解拡散理論に従った透過性能を示すとき,層の積層順を変化させても,透過度は変化しない.しかしながら,ガス濃度によって透過度が大きく変化する場合には透過度は積層順の影響を受ける.水や二酸化炭素などの場合,高いガス濃度では可塑化により透過度が上昇することが知られている.

例えばナイロンのように,水による可塑化を受けやすい,親水的で膨潤しやすい層と,ポリプロピレンのように,水による可塑化を受けにくい,疎水的な層の 2 層で形成される膜の両面が,高湿な雰囲気と低湿な雰囲気の間に置かれ

る場合，親水的な面を高湿側に向けて配置すると，可塑化の影響で高い透過度を示す．一方で低湿側に親水的な面を向けた場合，可塑化の影響を受けにくくなるために高湿側に向けたときと比較して透過度は減少することになる．

2.4.2 有機層と無機層

(1) 無機層のガス透過現象

無機層のガス透過機構は高分子のような有機層のそれとは異なっている．そのため有機層と有機層の積層体（例えばラミネートフィルム）とは異なり無機層と有機層との積層体ではガス透過が桁違いに低くすることも可能となる．図 2.37 に示したように無機層では主に①層内のアモルファス格子間，微粒子や柱状構造の粒界のような小さい空隙，②層とは無関係に形成されるピンホールなど大きな欠陥，を介して透過する機構となっている [16]．これら空隙や欠陥は直接観察できないため明確な切り分けを示すことは困難ではあるが空隙が 1 nm 以下，欠陥は数十 nm 以上と考えられている．大きな欠陥は成膜時に基板上に存在する異物（粒子ゴミなど）をきっかけに形成されることが多い．無機材料は高分子よりも熱力学的な運動が著しく小さいため基本的に透過機構は空隙・欠陥サイズと透過するガス原子・分子のサイズとの関係により決まる．

ここに高分子フィルム（透過係数 P_p，厚さ l_p）上に欠陥がない均一な無機層（透過係数 P_f，厚さ l_f）が形成されているバリアフィルムを仮定するとそのバリアフィルムの理想的な透過係数 P_i（厚さ $l = l_f + l_p$）は

$$P_i = \left(\frac{\varphi_p}{P_p} + \frac{\varphi_f}{P_f}\right)^{-1} \tag{2.128}$$

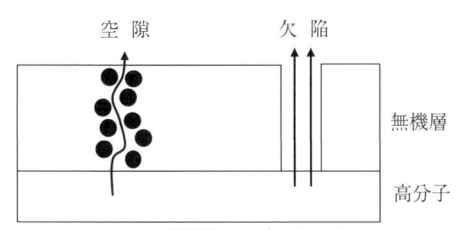

図 2.37 無機層におけるガス分子の透過経路．

として与えられる（$\varphi_\mathrm{p} = l_\mathrm{p}/l$, $\varphi_\mathrm{f} = l_\mathrm{f}/l$）．無機層の透過係数が高分子層のそれに比べ非常に低い状態，つまり $\varphi_\mathrm{f}/P_\mathrm{f} \gg \varphi_\mathrm{p}/P_\mathrm{p}$ だとすると

$$P_\mathrm{b} = P_\mathrm{i} = \frac{P_\mathrm{f}}{\varphi_\mathrm{f}} \tag{2.129}$$

となる．P_b はこの積層体の透過係数（上記①の透過に該当）を表す．この無機層に欠陥が存在する場合，透過係数 P_b は

$$P_\mathrm{b} = P_\mathrm{md} + \left(1 - \frac{P_\mathrm{md}}{P_\mathrm{p}}\right) P_\mathrm{i} \tag{2.130}$$

となる．P_md は無機層内からの透過のない場合（すなわち $P_\mathrm{f} = 0$）の欠陥からの透過係数を示す．この透過形態は高分子層の透過に直接比例していると考えられるため $P_\mathrm{md} \fallingdotseq C_\mathrm{md} P_\mathrm{p}$（$C_\mathrm{md}$ は欠陥のサイズや数に関連した比例定数）となり，無機層内からの透過がないとするならば

$$P_\mathrm{b} = C_\mathrm{md} P_\mathrm{p} = P_\mathrm{md} \tag{2.131}$$

が成り立つ．式 (2.130) にこれを代入すると P_b は

$$P_\mathrm{b} = C_\mathrm{md} P_\mathrm{p} + (1 - C_\mathrm{md}) P_\mathrm{i} \tag{2.132}$$

となる．無機膜の膜質や欠陥は成膜プロセス・成膜条件により変化するため C_md は固定された値ではない．

表2.4 には蒸着法により PET 上に形成した SiOx 薄膜の膜厚に対する様々なガスの透過パラメータ P, $P_\mathrm{b}/P_\mathrm{p}$, P_f を示した [16]．なお He, Ne, Ar, O_2 の原子・分子径はそれぞれ 0.20 nm, 0.24 nm, 0.32 nm, 0.32 nm としている．まず全てのガスにおいて膜厚の増加に従って P_b が減少しており，またその値は原子・分子径のサイズにほぼ依存している．しかしながら $P_\mathrm{b}/P_\mathrm{p}$ や P_f を詳細にみるとガスにより異なっている．膜厚 43 nm 以上では Ar と O_2 での $P_\mathrm{b}/P_\mathrm{p}$ はほぼ一定となっており，欠陥からの透過が支配的であることを示している．しかし He での $P_\mathrm{b}/P_\mathrm{p}$ は減少傾向にあり SiOx 膜内からの透過も存在していることを示す．また膜厚の増加に従って P_f が He のみ減少し，他のガスでは増加傾向にある．$P_\mathrm{b}/P_\mathrm{p}$ の傾向を考慮すると膜厚の増加により径の小さい He が透過するような膜内の空隙は減少し，欠陥はむしろ増加していることとなる．このように無機層では層内と欠陥を介した透過とが存在することがわかる．ただ

表 2.4 PET 上に形成した SiOx 薄膜の各種ガス透過度.

d_f	He(0.20 nm)			Ne(0.24 nm)			Ar(0.32 nm)			O_2(0.32 nm)		
	P_b	P_b/P_p	P_f	P_b	P_b/P_p	P_f	P_b	P_b/P_p	P_f	P_b	P_b/P_p	P_f
0	5.4E+05	1.000	-	65790	1.000	-	6304	1.000	-	7130	1.000	-
13	3.6E+05	0.674	1197	6518	0.099	0.06	315	0.050	0.36	337	0.047	0.38
23	1.9E+05	0.355	563	2255	0.034	0.21	256	0.041	0.50	224	0.031	0.44
43	8.9E+04	0.166	381	1836	0.028	0.56	273	0.043	0.99	179	0.025	0.65
67	4.4E+04	0.083	268	1591	0.024	1.18	324	0.051	1.78	173	0.024	0.98

d_f: 薄膜の膜厚 (nm), P_b, P_p: 測定値, P_f: 式 (2.129) から計算
なお各透過度の単位は 10^{-18} mol/(cm·s·atm)

出典 A.P. Roberts, B.M. Henry, A.P. Sutton, C.R.M. Grovenor, and G.A.D. Briggs: *J. Membrane Sci.*, **208**, 75 (2002).

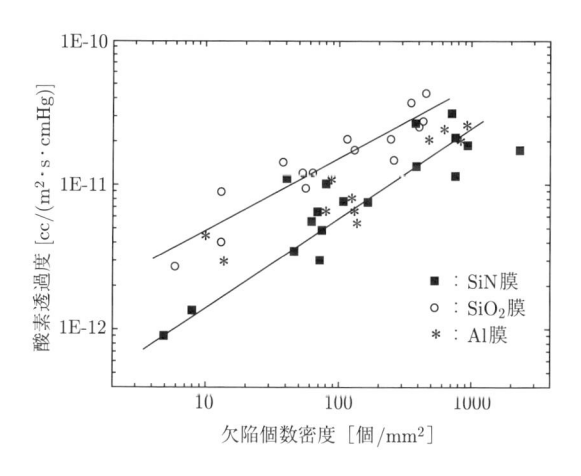

図 2.38 PET 上の無機膜での欠陥個数密度に対する酸素透過度 (OTR)

出典 A.S. da Silva Sobrinho, M. Latrèche, G. Czeremuszkin, J.E. Klemberg-Sapieha, and M.R. Wertheimer: *J. Vac. Sci. Technol.*, **A18**, 149 (2000).

し層内からの透過は He のような小さい径のガスに限られ,ほとんどのガスは欠陥に支配的な透過機構となる (後述する H_2O は例外).

上記のように欠陥を介する透過は欠陥のサイズだけではなく欠陥の個数密度や欠陥間の距離に依存することが報告されている. 図 2.38 には PET 上に形成した SiO_2, SiN および Al 膜の欠陥個数密度 [個/mm^2] に対する酸素透過度 (OTR) を示した [17][18]. なお,このときの欠陥サイズはサブミクロンオーダーである. 全ての膜において欠陥個数密度と OTR は比例関係にあり,欠陥

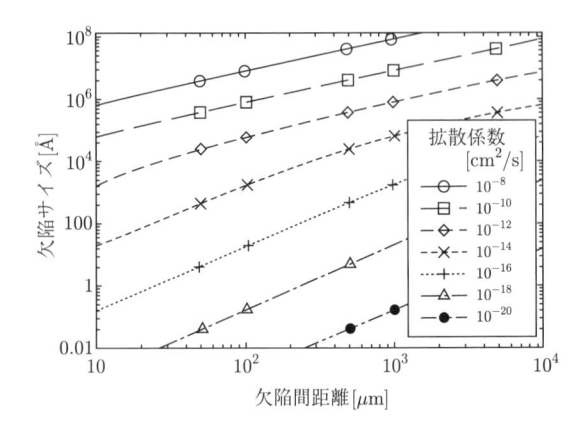

図 2.39　酸化アルミ (AlOx) 膜の拡散係数に対する欠陥サイズと欠陥間距離との関係.
出典　G.L. Graff, R.E. Williford, and P.E. Burrows: *J. Appl. Phys.*, **96**, 1840 (2004).

個数密度の減少に従って OTR は減少している．しかも SiO_2 と SiN 膜はほぼ同一直線状であり，材質によらず酸素バリア性が欠陥の個数密度に依存していることがわかる．Al 膜がこれらに比べ高い OTR となっているのは，SiO_2 と SiN 膜の膜形態がアモルファスで均一であるのに対し Al 膜のそれが結晶粒界を有しており膜内からの透過が加わったためである．また図 2.39 には欠陥サイズと欠陥間距離から計算した PET 上に形成した AlOx（酸化アルミ）膜内の拡散係数を示した [19]．これによると欠陥サイズだけでなく欠陥間距離が長くても拡散係数が低くなりガスバリア性が高くなることがわかる．

(2)　多積層体のバリア性

図 2.40 に WVTR が 10^{-5} g/(m^2·day) レベルの高いバリア性を有するとされている高分子層と無機層とを形成した代表的な多積層体の構成を示した．高分子層には厚さサブミクロンから数ミクロンのアクリレート膜，無機層には厚さ数十 nm の酸化物膜の材質で（高分子層／無機層）のペアが 3〜5 ペア程度積層されている．このようなバリアフィルムは有機エレクトロルミネッセンス（有機 EL）素子のような水分にて劣化しやすい素子の透明基板として用いられ，発光の劣化を長時間抑制することが可能となる．この多積層体のバリア性発現の原理は以下の通りである．表 2.5 には図 2.40 と同様の構成で PET／下地層（高分子層）に（酸化アルミ層／アクリレート層）を 1 ペアとして 5 ペアまで積層させた積層体の遅れ時間と定常状態でのガス透過度の計算結果を示した

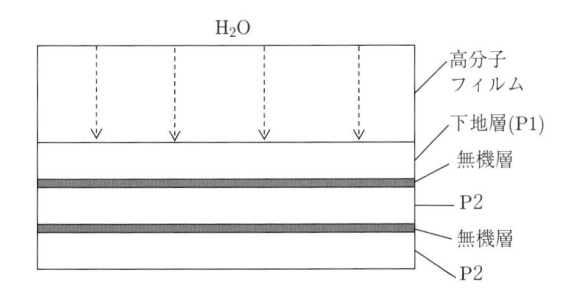

図 2.40 PET 基板上のハイバリアフィルムの積層構成（P1, P2：高分子層）.

表 2.5 酸化アルミ層 (AlOx) と高分子層 (P) との積層体の遅れ時間および定常状態での透過度（欠陥距離 $1000\,\mu m$ として計算）.

層構成	遅れ時間 [年]	透過度 [g/(m² · day)]
PET/P/(AlOx/P)$_1$	0.03	0.058
PET/P/(AlOx/P)$_2$	0.30	0.028
PET/P/(AlOx/P)$_3$	0.70	0.019
PET/P/(AlOx/P)$_4$	1.35	0.014
PET/P/(AlOx/P)$_5$	2.10	0.011

出典　G.L. Graff, R.E. Williford, and P.E. Burrows:
J. Appl. Phys., **96**, 1840 (2004).

[19]．この表から，積層数の増加に従いガス透過度の減少はわずかであるが，遅れ時間は桁違いに増加することがわかる．つまり（無機層／高分子層）のような多積層体は，定常状態の透過度が大きく低減するわけではなく，定常状態としての濃度勾配になるのに時間がかかるという遅れ時間の著しい拡大が，見かけ上高いバリア性を実現しているといえる．

(3) 水蒸気透過の特異性

前記のとおり無機膜のガス透過機構は欠陥が支配的であるが水蒸気については異なっている．これを透過の活性化エネルギーから説明する．透過の活性化エネルギーは，式 (2.110) より

$$P' = P'_0 \exp\left(\frac{-E'_p}{RT}\right) \tag{2.133}$$

ここで，P' は透過係数，P'_0 は比例定数，E'_p は活性化エネルギー，R はガス定

表 2.6 PET 上の無機膜の酸素および水蒸気透過の活性化エネルギー.

層構成	活性化エネルギー E'_p [kJ/mol]	
	OTR	WVTR
PET	29.3	47.2
PET/SiO$_2$	30.1	60.5
SiO$_2$/PET/SiO$_2$	31.4	62.7
PET/SiN	32.8	50.9
SiN/PET/SiN	31.2	64.5

出典 A.S. da Silva Sobrinho, G. Czeremuszkin, M. Latrèche, and M.R. Wertheimer: *J. Vac. Sci. Technol.*, **A16**, 3190 (1998).

数,T は温度で表され,ガスが格子や欠陥を透過するために必要なエネルギーを示した指標である.これらを用いて欠陥の存在を確かめることができる.

表 2.6 には PET 上に片面あるいは両面形成した SiOx 膜および SiN 膜における O_2 と H_2O 透過の活性化エネルギーを示している [17].O_2 では PET のみでも SiOx 膜あるいは SiN 膜を形成しても活性化エネルギーはほとんど変わらず,前項に示した欠陥による透過機構を支持する結果である.一方 H_2O では SiOx 膜,SiN 膜を形成することで活性化エネルギーは増加しており,さらに片面よりは両面形成によりさらに増加している.これは H_2O は O_2 とほぼ同等の分子径 (0.33 nm) であるにもかかわらず無機層内を透過するためといえる.H_2O の場合は通常のガス分子とは異なり層との相互作用(化学反応含む)により層内を拡散するためと考えられている.例えば高分子や無機膜の材質によって活性化エネルギーは異なる.また SiO_2 膜の場合,Si-O-Si 結合の加水分解反応が透過現象 (非 Fick 則) に依存する.

2.5 複合材中の物質移動

2.5.1 有機相と有機相

2.4 節では,複数のフィルムまたは層が重なった多層構造での物質移動について述べた.多層構造体では,各層の法線方向は透過ガスの流れ方向と同様である.言い換えると,透過ガスの流れ方向に対して直列的に複数の層が配置されていることになる.

2.5 複合材中の物質移動

直列モデル　　並列モデル　　球状分散モデル

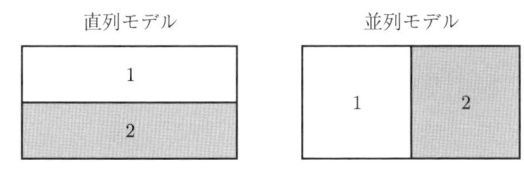

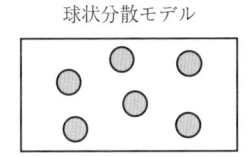

図 2.41　混合モデルの模式図.

ここで，透過性の低い物質 1 と透過性の高い物質 2 の 2 種類の材料で構成される複合体材料を考えると，二つの材料が直列に配置された直列モデルと，並列に配置された並列モデルでは，透過性が異なることは容易に想像できる（**図 2.41**）．

複合材料の見かけの透過係数を P_c，物質 1 の透過係数を P_1，物質 2 の透過係数を P_2 とする（$P_1 < P_2$）．複合材料中の物質 1 と 2 の体積分率をそれぞれ ϕ_1，ϕ_2 とすると，直列に配置されたときの透過係数 P_c は，各層あたりの透過度 q_x が P_x/ϕ_x であることから 2.4.1 項の式 (2.127) を用いて次式で表される．

$$P_c = \frac{1}{1/\dfrac{P_1}{\phi_1} + 1/\dfrac{P_2}{\phi_2}} = \frac{P_1 P_2}{\phi_1 P_2 + \phi_2 P_1} \tag{2.134}$$

一方，並列に配置されたときの透過係数は，単純な加成性で考えればよい．

$$P_c = \phi_1 P_1 + \phi_2 P_2 \tag{2.135}$$

このように，二つの物質の配置や混合状態によって，複合体のガス透過性能は大きく異なる．

式 (2.134) や式 (2.135) は，複合体を構成する物質の透過係数と体積分率から複合体の透過係数を予測できることを示している（**図 2.42**）．

球状複合体の透過性能を議論するためには，Maxwell の式と呼ばれる次式が用いられることが多い．

$$P_c = \frac{2P_1 + P_2 - 2\phi_2(P_1 - P_2)}{2P_1 + P_2 + \phi_2(P_1 - P_2)} P_1 \tag{2.136}$$

前式は物質 2 が物質 1 の中に分散したときの見かけのガス透過係数 P_c を表す．Maxwell の式は球状分散系の誘電体について理論的に求められた式であり，分散している粒子の局所電界は他の粒子の局所電界に影響されることがないこと

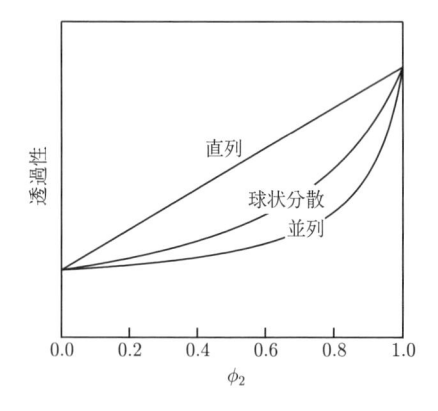

図 2.42 直列,並列,球状分散モデルの透過性の分率依存性.

を仮定している.しかしながら,分散成分の分率が高くなると,分散物の相互作用やさらには合一が起こり始めるため,この式は ϕ_2 が十分に小さいところでしか成立しない.Bruggeman は粒子の相互作用も考慮した次式を提案している.

$$P_c = \frac{\dfrac{P_c}{P_1} - \dfrac{P_2}{P_1}}{1 - \dfrac{P_2}{P_1}} \left(\frac{P_c}{P_1}\right)^{-\frac{1}{3}} = 1 - \phi_c \quad (2.137)$$

2.5.2 有機相と無機相

前項では有機相と有機相との複合体について述べたが,ガスバリア性材料としては,バリア性向上を目的として,無機物のフィラー分散させたコンポジットを用いることも多い.

一般に,シリカなどの無機フィラーはバインダーとなる有機物と比較して十分に透過性が低いため,ガス分子は全く透過しないと考えてよく,前項の Maxwell の式は以下のように単純化できる.

$$P_c = \frac{1 - \phi_2}{1 + \dfrac{\phi_2}{2}} P_1 \quad (2.138)$$

Maxwell の式ではバインダーとの相互作用は考慮されていないが,実際には無機フィラーはバインダーとの相互作用により,バインダーのガス透過性を向上または低下させることもある.

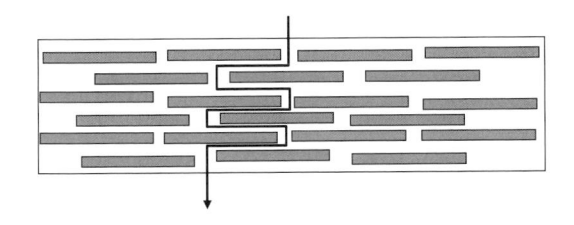

図 2.43 層状フィラー含有高分子フィルム中のガス透過経路.

また，無機フィラーの分率が高くなるとき，透過するガス分子はフィラーを縫ってフィルムを横切る必要があるため，見かけ上の透過パスが長くなってしまい，見かけ上膜厚が増大したのと同じ効果を生む（図2.43）．この効果は無機フィラーの形状に大きく依存し，特にモンモリロナイトなどの層状物質の場合に顕著となる．

参考文献

[1] 国際連合：「化学品の分類および表示に関する世界調和システム (GHS) 改訂 2 版」, (2007).
[2] B.E. Poling: "The properties of gases and liquids" (McGraw-Hill, 2001).
[3] S.W. Sing, D.H. Everett, R.A.W. Haul, L. Moscou, R.A. Pierottei, J. Rouquerol and T. Sicmicniwoka: *Pure and Appl. Chem.*, **57**, 603 (1985).
[4] 茅原一之, 鈴木基之, 川添邦太郎：生産研究, **29**, 195 (1977).
[5] K.H. Lee and S.T. Hwang: *J. Colloid Interface Sci.*, **110**, 544 (1986).
[6] T. Hirata, S. Sato and K. Nagai: *Sep. Sci. Technol.*, **40**, 2819 (2005).
[7] H. Rhim and S.T. Hwang: *J. Colloid Interface Sci.*, **52**, 174 (1975).
[8] G.J. van Amerogen: *Rubber Chem. and Technol.*, **37**, 1065 (1964).
[9] A.S. Michaels and H.J. Bixler: *J. Polym. Sci.*, **L**, 393 (1961).
[10] J. Brandrup, E.H. Immergut and E.A. Grulke: "Polymer handbook" (Wiley Interscience, 2003).
[11] A.R. Berens and H.B. Hopefenberg: *J. Membrane Sci.*, **10**, 283 (1982).
[12] M.H. Cohen and D. Turnbull: *J. Chem. Phys.*, **31**, 1164 (1959).
[13] H. Fujita: *Fortschr. Hochpolym. Forsch.*, **3**, 1 (1961).
[14] A.F.M. Barton: "CRC handbook of solubility parameters and other cohesion parameters" (CRC Press, 1991).
[15] P. Meares: *J. Am. Chem. Soc.*, **76**, 3415 (1954).
[16] A.P. Roberts, B.M. Henry, A.P. Sutton, C.R.M. Grovenor and G.A.D. Briggs: *J. Membrane Sci.*, **208**, 75 (2002).

[17] A.S. da Silva Sobrinho, G. Czeremuszkin, M. Latrèche and M.R. Wertheimer: *J. Vac. Sci. Technol.*, **A16**, 3190 (1998).
[18] A.S. da Silva Sobrinho, M. Latrèche, G. Czeremuszkin, J.E. Klemberg-Sapieha and M.R. Wertheimer: *J. Vac. Sci. Technol.*, **A18**, 149 (2000).
[19] G.L. Graff, R.E. Williford and P.E. Burrows: *J. Appl. Phys.*, **96**, 1840 (2004).
[20] G. Nisato, P.C.P. Bouten, P.J. Slikkerveer, W.D. Benett, G.L. Graff, N. Rutherford and L. Wiese: *Proc. of 8th International Display Workshop*, (2001), p.1435.

第3章　バリア材料の合成と成形加工

3.1 高分子の合成

3.1.1 合成法の分類

　現在，バリア材料のもとになる高分子には主に合成高分子が使用されている．成形加工がしやすく，大量生産に適していることから種々のポリオレフィン，ポリエステルなどの合成高分子が生産されている．これらの高分子において，高分子における化学構造や分子量，分子量分布などの一次構造は成形加工条件とともに製品性能の発現を支配する基本的な因子である．例えば，高分子の化学構造の結合様式の違いによって，化学的には加水分解や熱分解の受けやすさ，耐熱性が異なり，物理的にはゴム状の柔らかい材料や硬いプラスチックになる．

　高分子設計の一つに，この様々な一次構造を構築することがある．そのためにこれまで多くの高分子設計法，すなわち高分子合成反応が開拓されている．中でも高分子設計の基本は重合反応である．重合とは低分子量の単量体 (monomer) を結びつけて中分子量のオリゴマーから高分子量の重合体 (polymer) にする反応である．この重合反応様式は**表3.1**に示したように重合機構（反応点）の違いにより連鎖重合と逐次重合に分けられる．

表 3.1　高分子合成法の分類表．

反応点	反応機構	成長活性種
・連鎖重合	・付加重合 ・開環重合	・ラジカル重合 ・イオン重合 　カチオン重合 　アニオン重合 ・配位重合
・逐次反応 （非連鎖重合）	・重縮合 ・重付加 ・付加重合	

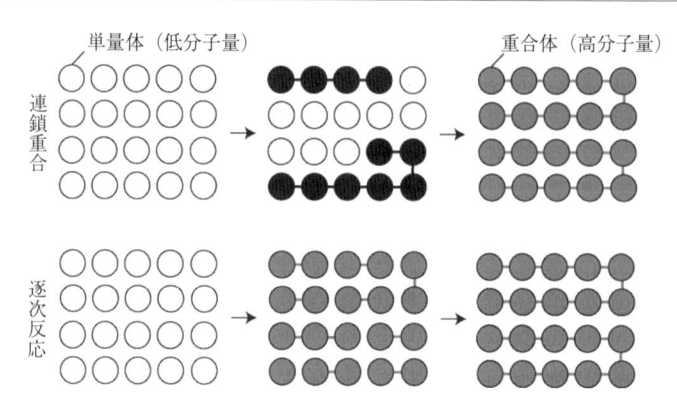

図 3.1 連鎖重合と逐次反応（非連鎖重合）の違い．

連鎖重合では，重合開始剤（触媒）により成長活性種が生成し，これが単量体を連鎖的に攻撃することで重合が進んでいく．反応点は重合体の末端に存在する．連鎖重合はその反応機構の違いによって，ビニルモノマーの場合の付加重合と環状モノマーの場合の開環重合に分類できる．また，成長活性種の種類別に見ると，ラジカル重合，イオン重合（カチオン重合，アニオン重合），配位重合がある．多くの熱可塑性樹脂が付加重合によって作られている．また，精密重合法の一つとしてリビング重合もある．

ポリエステルの合成反応で代表される逐次重合で進行する重合には重縮合，重付加，付加縮合がある．単量体の両端にある官能基間の反応により重合が段階的に進む反応である．エンプラや多くの熱硬化性樹脂が逐次重合によって作られている．反応が段階的に進行するため非連鎖重合と呼ばれる．

反応点が重合体にある連鎖重合と単量体にある逐次反応は**図3.1**に示すように重合機構が異なるため重合挙動も異なってくる．連鎖反応の場合，高分子の成長は重合体と単量体の反応によるもので重合体と重合体の反応は起きない．単量体の濃度は反応に応じて順次減少する．そのため，**図3.2**に示すように高分子量の重合体が重合反応の初期時でもでき，重合体の分子量は反応の進行に無関係である．一方，逐次反応の場合，初期時は重合体の成長は単量体同士で行われてから，重合体同士で行われていく．単量体の濃度はすみやかに減少する．分子量は重合の進行度合いと共に徐々に増大していく．しかし，リビング重合の場合は反応の前半後半に関係なく重合度は一定のペースで増大する．一次構造の高度な制御ができる精密重合反応法の一つである．

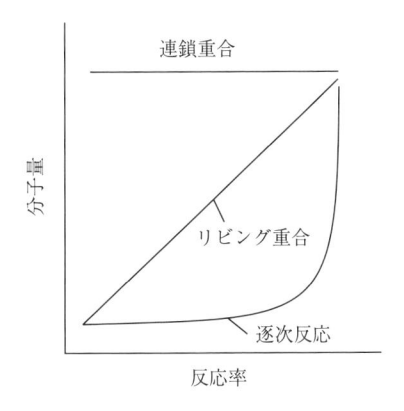

図 3.2 重合機構による分子量と反応率の関係.

これらの各種重合反応の中で，目的とする高分子材料の一次構造に到達するルートを選んでいくことが高分子設計である．

3.1.2 連鎖重合

連鎖重合は前項で示したように重合開始剤（触媒）を反応系に添加して重合反応を行う．一般的に触媒から生じた成長活性種とモノマーとの反応で生じた不安定な反応中間体により，高分子合成が進行する．付加重合や開環重合は連鎖重合によって高分子を生成する．これらは重合に関与する成長活性種やその挙動でラジカル重合，イオン重合（カチオン重合・アニオン重合），配位重合に分類される．各重合の代表的な使用モノマーとその化学式，触媒については**表3.2**，**図3.3**にまとめている．

(1) 付加重合

(i) ラジカル重合

ラジカルとは不対電子（・）を有しており，反応性に富む化学種である．ラジカル重合では，加熱，光の照射，あるいは重合反応系に加えられた触媒の分解によってラジカルが生成し，モノマーに付加することで重合を開始し，成長ラジカルへのモノマーの付加を繰り返す成長反応の後，ポリマーラジカル間での停止反応によって高分子が生成する．ポリマーラジカルはその他に，溶媒などから水素を引き抜き，安定な高分子になると同時に新たなラジカルが生じる．新たなラジカルは通常，再びモノマーへ付加し重合反応は進行するから，連鎖移動反応といわれている．これら重合反応はスキーム (3.1) のように開始，成

表 3.2 付加重合, 開環重合における代表的なモノマーと重合開始剤.

		モノマー	重合開始剤（触媒）
付加重合	ラジカル重合	スチレン, メタクリル酸メチル, アクリロニトリル, エチレン, 酢酸ビニル, 塩化ビニルなど	過酸化物, アゾ化合物（BPO, AIBN など）有機金属 レドックス系
	カチオン重合	スチレン, ブタジエン, N-ビニルカルバゾール, ビニルエーテルなど	プロトン酸（HCl, H_2SO_4, $HClO_4$ など）ルイス酸（BF_3, $AlCl_3$, $ZnCl_2$ など）その他（I_2 など）
	アニオン重合	スチレン, ブタジエン, イソプレン, メタクリル酸メチル, アクリロニトリル, シアノアクリル酸メチル, シアン化ビニリデンなど	アルカリ金属, 有機金属（Na, BuLi, RMgX, ZnR_2 など）その他（ピリジン, 水など）
	配位重合	エチレン, プロピレン, ブタジエン, イソプレンなど	Ziegler-Natta 触媒（AlR_3-$TiCl_4$ 系など）
開環重合	ラジカル重合	環状エーテル, 環状スルフィド, 環状イミン, 環状ジスルフィド, ラクトン, ラクタム, 環状ホルマールなど	過酸化物, アゾ化合物（BPO, AIBN など）有機金属 レドックス系
	カチオン重合	環状エーテル, 環状スルフィド, 環状イミン, 環状ジスルフィド, ラクトン, ラクタム, 環状ホルマールなど	オキソニウム塩（$Et_3O^+BF_4^-$ など）プロトン酸（H_2SO_4, $HClO_4$ など）ルイス酸（BF_3, $AlCl_3$ など）
	アニオン重合	アルキレンオキシド, ラクトン, ラクタム, 環状ウレタンなど	アルカリ金属アルコキシド アルカリ金属アミド アルカリ金属水素化物
	配位重合	アルキレンオキシド, アルキレンスルフィド, カプロラクトン, 環状オレフィンなど	アルミニウムアルキル 亜鉛アルキル（共触媒：水, アセチルアセトン）VI 族金属塩化物とアルミニウムアルキルの混合触媒

3.1 高分子の合成

(付加重合：ラジカル重合)

スチレン　　メタクリル酸　　アクリロニトリル　エチレン　　酢酸ビニル　　塩化ビニル
　　　　　　メチル

(付加重合：カチオン重合)

スチレン　　ブタジエン　　N−ビニルカルバゾール　ビニルエーテル

(付加重合：アニオン重合)

スチレン　　ブタジエン　　メタクリル酸　アクリロニトリル　シアノ　　　シアン化
　　　　　　　　　　　　　メチル　　　　　　　　　　　　アクリル酸　ビニリデン
　　　　　　　　　　　　　　　　　　　　　　　　　　　　メチル

(開環重合：イオン重合)

エチレンオキシド　プロピレンオキシド　テトラヒドロフラン

(開環重合：ラジカル重合)

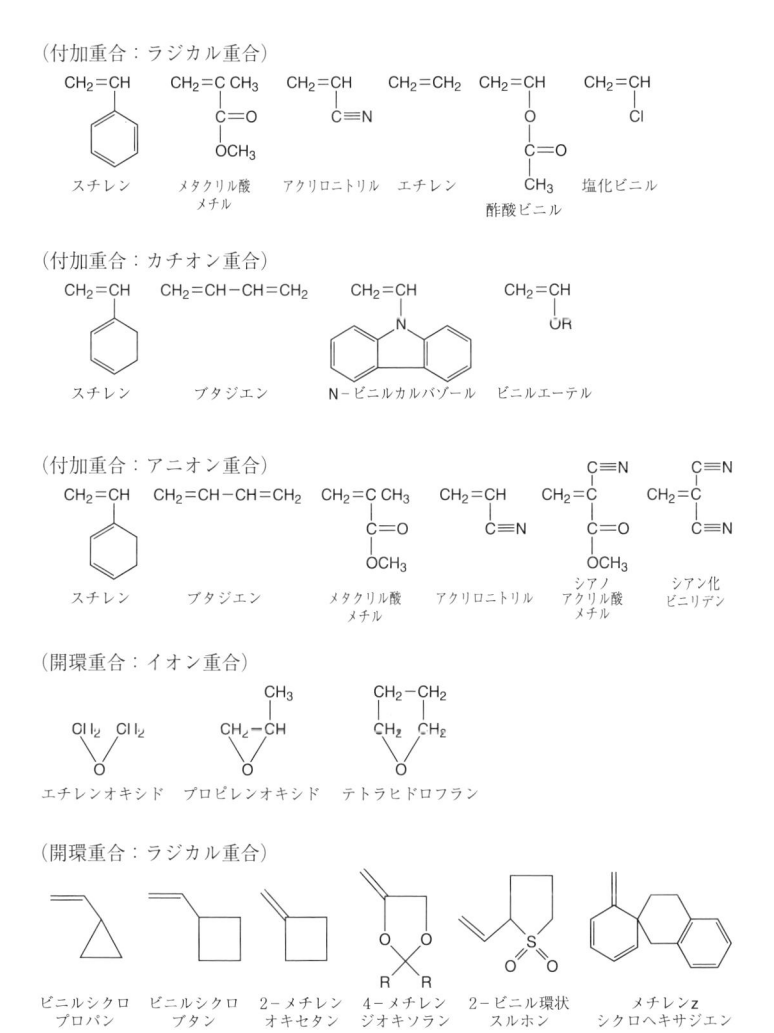

ビニルシクロ　ビニルシクロ　2−メチレン　4−メチレン　2−ビニル環状　メチレン
プロパン　　　ブタン　　　　オキセタン　ジオキソラン　スルホン　　　シクロヘキサジエン

図 3.3　各重合反応の代表的なモノマーの化学構造.

長,停止,連鎖移動反応の各素反応で表される.反応性の高いラジカルを成長活性種とする連鎖反応である.

(開始反応)　　　I ⟶ 2R・

　　　　　　　　R・ + M ⟶ RM・

(成長反応)　　　RM・ + M ⟶ RMM・

　　　　　　　　RMM・ + M ⟶ RMMM・

(停止反応)　　　RM_n・ + RM_m・ ⟶ RM_nM_mR

　　　　　　　　または RM_n + RM_m

(連鎖移動反応)　RM_n・ + A ⟶ RM_n + A・　　　　　(スキーム 3.1)

ここで,Iは触媒,R・は開始ラジカル,Mはモノマー,Aは連鎖移動剤,RM_n・と RM_m・は成長ラジカルである.これらの各素反応によって重合速度や生成高分子の構造・分子量が決まってくる.

　ラジカル重合で得られる高分子は触媒の影響を受けにくいため,多様な重合条件下で反応が可能で,多くの種類のビニルモノマーに適用できる.共役/非共役,電子供与性/電子吸引性のいずれの置換基を導入した場合でもラジカル重合する.しかし,これらの重合反応性は,反応する二重結合に直接結合する置換基によって大きく異なる.

　一方,ラジカル重合の触媒には通常,過酸化ベンゾイル (BPO) のような過酸化物,2,2'-アゾビスイソブチロニトリル (AIBN) のようなアゾ化合物が用いられる.両者にはそれぞれ特徴があり,重合条件や目的に適したものが選ばれる.AIBN は爆発の危険がなく,分解で生じるラジカルは炭素ラジカルであるため,BPO から生じる酸素ラジカルと違って水素引き抜き反応を起こさない.また,AIBN では分解に伴い窒素ガスが発生し,生成したラジカルが失活してしまう.一方,BPO の分解速度は反応系中で生成したラジカルによって触媒の分解がさらに引き起こされる誘発分解が生じる.そのため,開始剤効率は BPO の方が高くなる.

(ii) イオン重合

　ラジカル重合との違いとして,カチオン重合の場合は成長活性種が正電荷をもつ陽イオン,アニオン重合では負電荷をもつ陰イオンからなる点である.

　イオン重合のモノマーに注目すると図 3.3 に示したように,モノマーの二重結合に結合している置換基が,電子吸引性か電子供与性かにより重合性は異なる.例えば,エチレンの水素原子が電子吸引性の CN 基と置き換わったアクリ

ロニトリルは二重結合の電子密度が低く，アニオン重合やラジカル重合では高分子が生成するがカチオン開始剤では重合しない．一方，電子供与性の置換基であるアルコキシ基が結合したビニルエーテル誘導体は二重結合の電子密度が高く，カチオン開始剤で容易に重合するが，アニオン重合はしない．

このようにモノマーの置換基の性質により，カチオン重合しか起こさないモノマー，ラジカル重合でしか高分子量にならないモノマー，アニオン重合でしか高分子にできないモノマーがある．しかしながら，全ての重合法で重合できるものもある．以上のことから高分子設計の際には触媒の選択が重要になる．

(iii) カチオン重合

カチオン重合で高分子が生じるためには，触媒から生じた陽イオンが不飽和結合に付加し，生じたカルボカチオンがその対イオンと結合する前に，次々と付加を繰り返すような触媒を付与しなければならない．カチオン重合で使用される触媒はプロトン酸，ルイス酸に分類できる．全て求電子試薬であり，電子放出するモノマーは，二重結合の電子が多く反応しやすい．

プロトン酸はそれ自身に H^+ が存在するので，スキーム (3.2) のように，その不飽和結合への付加によって炭素カチオンが生じる．この付加反応により重合は開始し，高分子が生成する．

$$H^+ \quad O\bar{C}lO_3 + H_2C=CH-X \longrightarrow H-CH_2-\overset{+}{C}H-X + O\bar{C}lO_3$$

（スキーム 3.2）

ルイス酸の場合は，それ自体では触媒にならない場合が多いため，カチオンを発生させるために，水，酸などを少量添加することが必要となる．これらの添加物は共触媒と呼ばれている．三フッ化ホウ素（BF_3）を触媒として用いたときを例にとると，スキーム (3.3) のように，まず助触媒との間で反応が起こり，カチオンが生成する．生じたカチオンの対アニオンは BF_3 に配位するので負電荷が大きな対イオンに広がるため，プロトン酸の対イオンよりも求核性が低下し，高分子量になりやすい．

$$BF_3 + H_2O \rightleftharpoons BF_3OH^- + H^+$$

$$BF_3OH^- + H^+ + H_2C=CH-X \longrightarrow H-CH_2-\overset{+}{C}H-X + BF_3OH^-$$

（スキーム 3.3）

以上の反応で触媒から生じたカチオンの二重結合への付加反応により重合が開始する．カチオン重合による高分子合成反応は，対アニオンの求核性が弱いことが必要である．生じた炭素カチオンはスキーム (3.4) に示すように，モノマーに次々と付加して高分子となるが，その後は停止反応や連鎖移動反応で消失する．成長カチオン中の末端でない炭素に結合している水素原子は，モノマーや対アニオンによって H^+ として引き抜かれやすいので，連鎖移動反応を受けやすい．

（成長反応）

$$—CH_2—\overset{+}{\underset{X}{CH}} + B^- \rightleftharpoons \overset{H_2C=CH}{\underset{X}{|}} \quad \boldsymbol{—}CH_2—\overset{+}{\underset{X}{CH}} + B^-$$

（停止反応）

$$—CH_2—\overset{+}{\underset{X}{CH}} + BF_3OH^- \longrightarrow \boldsymbol{—}CH_2—\underset{X}{CH}—OH + BF_3$$

（連鎖移動反応）

$$—CH_2—\overset{+}{\underset{X}{CH}} + BF_3OH^- \longrightarrow \boldsymbol{—}\underset{X}{CH}=CH + BF_3H_2O$$

（スキーム 3.4）

　炭素カチオンは不安定であるため，カチオン重合の成長反応の活性化エネルギーは小さい．そして異性化反応も起こりやすい．この反応を特に転移重合あるいは水素移動重合と呼ぶ．これらの移動反応と異性化反応は低温条件で抑制される．そのため低温であるほど副反応である移動反応がし難くなり，主反応である重合反応が優先的に起こりやすくなる．そのため高分子量の生成物が得られる．

(iv) リビングカチオン重合

　カチオン重合ではカチオンが移動反応を受けやすいため，成長活性種の保持が困難である．しかしながら，プロトン酸に $ZnCl_2$ のような弱いルイス酸を加えると対アニオンとルイス酸との錯体が生じ，対アニオンの求核性が下がる．これにより連鎖移動反応が抑制され分子量が増加する．モノマーが全て消費されても成長鎖は活性を保っているため，再びモノマーを追加すると重合反応が

進行する．このように成長鎖が活性を保った重合をリビング重合と呼び，成長活性種がカチオンの場合はリビングカチオン重合と呼ぶ．

(v) アニオン重合

アニオン重合では触媒とモノマーとの反応によって，生じたカルボアニオンが次々と付加を繰り返すことで高分子が生成する．触媒には表3.2に示したように求核試薬と電子移動を利用したものがある．

求核試薬としての触媒としてはブチルリチウム (BuLi) が広く利用されており，スキーム (3.5) のようにカルボアニオンが生じて高分子が生成する．

$$n\text{-}C_4H_9Li + H_2C{=}CH\underset{X}{} \longrightarrow n\text{-}C_4H_9CH_2\overset{-}{C}H\underset{X}{} Li^+$$

(スキーム 3.5)

Grignard 試薬 (RMgBr) のように求核性が BuLi よりも低い触媒ではスチレンやブタジエンは重合しないが，電子吸引性の強い置換基をもつメタクリル酸メチルは重合する．さらに，求核性の弱いアルカリ金属アルコキシドのような触媒ではメタクリル酸メチルは重合しないが，より強い電子吸引基のシアノ基をもつアクリロニトリルは重合する．シアノ基が2個ついたシアン化ビニリデンになると，ピリジンや水でも触媒となる．このようにモノマーに応じて，利用できる触媒の範囲が異なる．このアニオン重合を起こす組み合わせは触媒の求核性とモノマーのアニオン重合性の増加度合いをそれぞれ4段階に分けて，重合が進む組み合わせが示されている．

一方，電子移動反応による触媒は，ナトリウムのようなアルカリ金属やナトリウムナフタレンが代表例として挙げられる．触媒からモノマーへの電子移動反応でアニオンラジカルが生じ，そのラジカルカップリングで生じたアニオンにより両端に重合が進む．ナトリウムナフタレンによる重合例をスキーム (3.6) に示す．

$$[\text{Naphthalene}]^{\cdot -} Na^+ + H_2C{=}CH\underset{X}{} \longrightarrow [\text{Naphthalene}] + \overset{\cdot}{C}H_2\text{-}\overset{-}{C}H\underset{X}{} Na^+$$

$$2\ \overset{\cdot}{C}H_2\text{-}\overset{-}{C}H\underset{X}{} Na^+ \longrightarrow Na^+\ \overset{-}{C}H\text{-}CH_2\text{-}CH_2\text{-}\overset{-}{C}H\underset{XX}{} Na^+$$

(スキーム 3.6)

アニオン重合によるアルカリ金属の対イオンと反応速度の関係として，一価

の金属イオンのイオン半径は，Li^+，Na^+，K^+，Rb^+，Cs^+ の順番に大きくなる．これらが対カチオンとして作用した場合，イオン半径が大きくなるにつれて反応の際の立体障害も大きくなる．それとは反対に，イオン半径が大きくなるにつれて，対カチオンと高分子末端のアニオンとの相互作用は弱くなる．立体障害の影響を強く受ける場合は，Li^+，Na^+，K^+，Rb^+，Cs^+ の順番でモノマーの反応速度が遅くなる．反対に相互作用の影響を強く受ける場合は，この順番でモノマーの反応速度が速くなる．モノマーの構造によって反応速度は異なってくる．

(vi) リビングアニオン重合

アニオン重合で十分乾燥されたテトラヒドロフランを溶媒として使用し，BuLi，ナトリウムナフタレンでスチレンの重合を行うと，停止反応のない重合反応が起こる．不純物がなければ，カルボアニオンは停止や移動反応を起こさずにいつまでも安定に存在できる．これもリビング重合であり，成長活性種がアニオンのためリビングアニオン重合と呼ぶ．この重合法は，高分子の構造や分子量の規制，高分子末端への官能基の導入などが容易であるので，ブロックコポリマーやグラフトコポリマーの合成に利用されている．

(vii) 配位重合

ポリエチレンはラジカル重合でも作られるが，通常のラジカル重合では高分子は生成しにくい．ラジカル重合が起こるためには 1000 気圧以上，150 °C 以上にする必要がある．そうすると，付加重合の他にも生じた高分子鎖から水素引き抜き反応も起こるため枝の多いポリエチレンが生じ，低分子量のものが得られる．Ziegler は，$TiCl_4$ と $AlEt_3$ の反応生成物からなる不均一触媒が，エチレンの重合を常温・常圧で進行させることを見出した．これにより枝のない高分子量の生成物を得ることができた．その後，Natta は結晶性の $TiCl_3$ に $AlEt_2Cl$ を組み合わせた系を用いてプロピレンの重合を行い，結晶性のポリプロピレンを合成することに成功した．遷移金属化合物と典型金属のアルキル，アリール，ヒドリド化合物の組み合わせからなる系は Ziegler-Natta 触媒と呼ばれ，オレフィン，スチレン，ブタジエンなどの炭化水素系モノマーの立体特異性重合を温和な条件下，高活性で進行させることが可能となった．

Ziegler-Natta 触媒のような遷移金属化合物と有機金属化合物から生じる金属錯体を触媒として用いると，モノマーが遷移金属に配位する場合，その遷移金属に結合している重合活性種も近傍にくるので，付加反応されやすい状態に

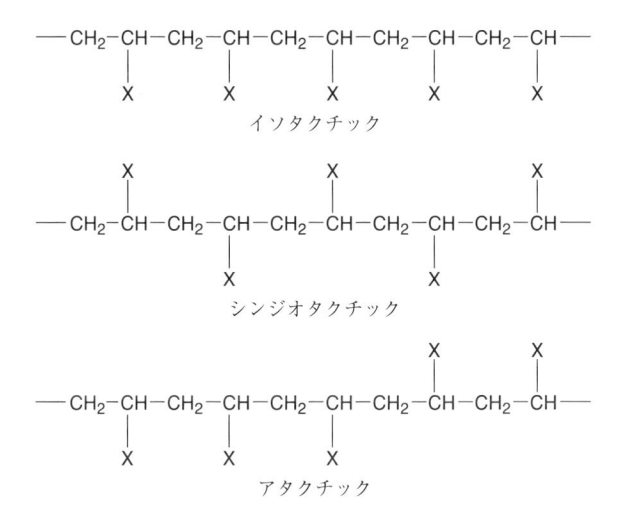

```
——CH₂—CH—CH₂—CH—CH₂—CH—CH₂—CH—CH₂—CH——
       |        |        |        |        |
       X        X        X        X        X
                    イソタクチック

       X                 X                 X
       |                 |                 |
——CH₂—CH—CH₂—CH—CH₂—CH—CH₂—CH—CH₂—CH——
                |                 |
                X                 X
                   シンジオタクチック

                              X        X
                              |        |
——CH₂—CH—CH₂—CH—CH₂—CH—CH₂—CH—CH₂—CH——
       |        |        |
       X        X        X
                    アタクチック
```

図 **3.4** ビニル重合体の立体規則性.

なっている．Ziegler-Natta 触媒を使用した際のビニル基をもつモノマーの反応機構をスキーム (3.7) に示す．

$$\text{スキーム 3.7}$$

（スキーム 3.7）

触媒表面には格子欠陥部が存在する．そこにビニル基の二重結合が配位し，隣接したところに存在する成長活性種の攻撃を受け，高分子が生成するといわれている．その際に，プロピレンのようにメチル基が置換基についていると，その嵩高さにより配位する二重結合の方向が決まるので，成長反応に立体因子が加わり立体規則性高分子が生成する．

　ビニル基を有するモノマーが重合して高分子が生成する場合に**図 3.4** に示す立体規則性をとる．X－H の場合を除くと，この種の高分子は対称ではない．構造単位毎に存在する置換基 X の立体配置の違いによって，異なる物性を有する高分子になる．置換基が全て同一方向に結合している場合はイソタクチック，交互に配列している場合はシンジオタクチックと呼ばれている．X に方向

の規則性がないものはアタクチックと呼ばれる．触媒の種類を変えることでこれらの立体構造を操作することが可能となる．このため高密度の高分子の合成も可能となる．

以上の反応はイオン重合と同じく各原子の電荷の偏りにより進行していく．重合過程で，高分子末端の炭素原子が負に，触媒の金属原子が正に荷電するためアニオン重合の一つとして見て取れ，配位アニオン重合と呼ばれる．

(2) 開環重合

開環重合とは環状のモノマーに酸または塩基を反応させると環が開き，それらが次々とモノマーに付加して高分子を生成する反応で，スキーム (3.8) のように表される．

(スキーム 3.8)

開環重合するモノマーは，主鎖に窒素，酸素，硫黄，リンなどのヘテロ原子を含む極性基（エーテル，エステル，アミン，アミド，スルフィドなど）を有する化合物やオレフィン結合を環内に有する化合物である．開環重合の反応性は環のひずみの大きさとモノマーの極性に依存する．モノマーの環ひずみが大きい場合に重合して線状高分子になることでそのひずみエネルギーが解消されるため重合が進行する．開環重合も付加重合と同様に成長活性種の違いによってラジカル重合，カチオン重合，アニオン重合，配位重合に分類される．

(i) ラジカル重合

一般的にラジカル的に開環重合は起こりにくい．図3.2 に示したようにオキソメチレン結合かビニル基を有する化合物で見出されている．ビニルシクロプロパンの例をスキーム (3.9) に示す．

(スキーム 3.9)

ビニルシクロプロパンの場合，1,5-開環重合である．ラジカルが1位（二重

結合の部位）の炭素を攻撃し，開環を経て 5 位の炭素がラジカル成長種となるものである．通常のビニル化合物は 1,2-重合であるので反応機構は異なっている．その後，生成したシクロプロピカルラジカルの空軌道は，シクロプロパン環の σ 結合の軌道との相互作用が強いため，容易に環が開裂し，末端ラジカルが生じて反応が進行する．

(ii) カチオン重合

カチオン開環重合するモノマーには，環状エーテル，環状スルフィド，環状イミン，環状ジスルフィド，ラクトン，ラクタム，環状ホルマールなどがある．触媒には，$Et_3O^+BF_4^-$ などのオキソニウム塩，H_2SO_4，H_2ClO_4 などのプロトン酸，BF_3，$AlCl_3$ などのルイス酸が用いられる．テトラヒドロフランのカチオン重合の場合，スキーム (3.10) に示すようにカチオンが環状化合物のヘテロ原子に結合してオニウム塩になる．それを環状化合物が求核攻撃して環が開く．高分子末端は環状のオニウム塩のままで存在できる．

（スキーム 3.10）

(iii) アニオン重合

アニオン開環重合するモノマーには，アルキレンオキシド，ラクトン，ラクタム，環状ウレタンなどがある．成長活性種はモノマーのヘテロ原子がアニオンになったものである．触媒として，アルカリ金属のアルコキシド，アミド，水素化物，水酸化物が用いられる．水酸化ナトリウムを触媒とするエチレンオキシドの重合反応をスキーム (3.11) に示す．モノマーの水素が引き抜かれアニオンになり別のモノマーを求核的に攻撃して環が開き重合が進行していく．

（スキーム 3.11）

(iv) 配位重合

アルキレンオキシド，アルキレンスルフィド，カプロラクタムなどは，アル

ミニウムや亜鉛の有機金属化合物に水やアセチルアセトンなどを加えて反応させた系で容易に重合する．亜鉛アルキルを触媒としてプロピレンオキシドの開環重合を行うとスキーム (3.12) の反応が進行する．

(スキーム 3.12)

さらに，環状化合物に不飽和結合を有する環状アルケンは開環メタセシス重合により，モノマーの二重結合が切断され新たな二重結合を形成することでポリオレフィンとなる．環状オレフィンのメタセシス重合例をスキーム (3.13) に示す．触媒には，Mo，W などの VI 族金属塩化物とアルミニウムアルキルの混合触媒を用い，金属カルベンによって反応は進行する．

金属カルベン
（M：金属） (スキーム 3.13)

3.1.3 逐次重合

(1) 重縮合

二官能性モノマー分子の間で，水やアルコールなどの小分子の生成を伴いながら縮合反応を繰り返して進行する重合反応のことを，重縮合（または縮合重合）という．重縮合による代表的な高分子としては，ポリアミド（ナイロン），ポリエステル（ポリエチレンテレフタラートなど），ポリカーボネートなどが挙げられる．重縮合の反応は，求電子性をもつ官能基と，求核性をもつ官能基との間で起こる．代表例として，エチレングリコールとテレフタル酸の重縮合によるポリエチレンテレフタラートの合成反応を示す．ここでは，テレフタル酸のカルボキシル基（求電子性）と，エチレングリコールの水酸基（求核性）との間で縮合が起こり，エステル結合が連なったポリエステルを形成する．この際，副生物として水が生成する（スキーム 3.14）．

$$HOCH_2CH_2OH + HO-\overset{O}{\overset{\|}{C}}-\text{C}_6\text{H}_4-\overset{O}{\overset{\|}{C}}-OH \xrightarrow{H_2O} {-\!\!\!\!\!-}(OCH_2CH_2O-\overset{O}{\overset{\|}{C}}-\text{C}_6\text{H}_4-\overset{O}{\overset{\|}{C}}){-\!\!\!\!\!-}_n$$

(スキーム 3.14)

　重縮合による重合反応は，可逆反応でもある．したがって，高分子量物を効率よく得るために，生成する低分子化合物（副生物）を除去しながら重合反応が進められる．ポリエチレンテレフタラートの合成の場合，重合反応は触媒の存在下，280°C の溶融状態で行われる．このため，縮合反応に伴って副生する水は，熱により除去される．

　ポリアミド樹脂の代表例であるナイロン 6,6 は，ヘキサメチレンジアミンと，アジピン酸とを反応させて得られる．両者は，室温で混合しただけではジアミンがアジピン酸を中和したところで反応が停止してしまうため，工業的には両者を混合して得られたナイロン塩を，280°C の加圧釜に入れて加圧脱水することにより，縮合反応を進める（スキーム 3.15）．実験室的には，アジピン酸クロリドとヘキサメチレンジアミンを反応させることにより，室温で縮合反応を進めることができる（スキーム 3.16）．この場合，縮合反応に伴って副生する HCl を除去するため，NaOH を併用する．

$$HO-\overset{O}{\overset{\|}{C}}-(CH_2)_4-\overset{O}{\overset{\|}{C}}-OH + H_2N-(CH_2)_6-NH_2 \xrightarrow{H_2O} {-\!\!\!\!\!-}(\overset{O}{\overset{\|}{C}}-(CH_2)_4-\overset{O}{\overset{\|}{C}}-HN-(CH_2)_6-NH){-\!\!\!\!\!-}_n$$

(スキーム 3.15)

$$Cl-\overset{O}{\overset{\|}{C}}-(CH_2)_4-\overset{O}{\overset{\|}{C}}-Cl + H_2N-(CH_2)_6-NH_2 \xrightarrow{HCl} {-\!\!\!\!\!-}(\overset{O}{\overset{\|}{C}}-(CH_2)_4-\overset{O}{\overset{\|}{C}}-HN-(CH_2)_6-NH){-\!\!\!\!\!-}_n$$

(スキーム 3.16)

　ポリカーボネートは，ビスフェノール A とホスゲンとの重縮合によって合成される．ここでも HCl が副生するため，NaOH で中和させながら反応を進める（スキーム 3.17）．しかし，この方法は猛毒であるホスゲンを利用するため，ホスゲンに替えてジフェニルカーボネートを用い，ビスフェノール A と溶融重縮合させる方法も行われる．この反応は，カーボネート基に付いているフェノール基が，ビスフェノール A のフェノール基とエステル交換することによって進

行する．反応は約 300 °C の温度下，減圧することによって，副生するフェノールを除去しながら進められる（スキーム 3.18）．

（スキーム 3.17）

（スキーム 3.18）

(2) 重付加

　重付加は，官能性基間の付加反応の繰り返しによって共有結合を形成しながら，高分子を生成する反応である．重縮合では共有結合を形成する際に水やアルコールなどの小分子の副生を伴うのに対して，重付加では小分子の副生はない．重付加で合成される高分子材料の代表例として，ジイソシアネートへのジオールの付加反応によるポリウレタンの合成（スキーム 3.19）が挙げられる．

O=C=N–R–N=C=O + HO–R'–OH ⟶ -(-C(=O)-NHR-C(=O)-O-R'-O-)$_n$-

（スキーム 3.19）

　ジイソシアネートにジアミンを反応させると，ポリ尿素が得られる（スキーム 3.20）．ポリウレタンの合成では，有機金属や三級アミンを重合触媒に用いることが多いが，ポリ尿素の合成ではジイソシアネートとの反応が非常に速く進行するため，通常は触媒が不要である．ポリウレタンの合成時にジアミンとジオールを併用すると尿素結合が生成し，この尿素結合がイソシアネートに付加をしたり，あるいはウレタン結合がイソシアネートに付加をしたり，さらにイソシアネートが三量化する副反応が起こることで架橋構造が導入される．さらに，アルキル鎖の構造を変えたりすることで，架橋構造をもつポリウレタン

や，高弾性率を有するもの，あるいはエラストマーのような柔軟なものまで，様々なポリウレタンを得ることが可能となる．

$$O=C=N-R-N=C=O + H_2N-R'-NH_2 \longrightarrow -(C-NHR-NH-C-NH-R'-NH)_n$$
$$OO$$

(スキーム 3.20)

(3) 付加縮合

　付加縮合とは，付加反応と縮合反応の繰り返しによる高分子生成反応であり，この方法で合成される高分子の代表例として，フェノール樹脂が挙げられる．フェノール樹脂は，フェノールとホルムアルデヒドの付加縮合で得られる．この反応は，酸または塩基触媒の存在下，付加反応と縮合反応の繰り返しによって進行するが，用いる触媒によって反応の形態が大きく変わるのが特徴である．

(スキーム 3.21)

まず，酸触媒を用いた場合は縮合反応が優先的に進行し，メチロール基(CH_2OH)含有量の少ないノボラックが得られる．ノボラックは，ヘキサメチレンテトラミンなどの硬化剤を加えて加熱，加圧成形することでベンゼン環の間に-CH_2-や-CH_2NHCH_2-などの結合が形成されて網目構造となり，熱硬化樹脂となる．

一方，塩基触媒下で反応させた場合は，付加反応が優先的に進行し，フェノールのベンゼン環上に複数個のメチロール基をもつジメチルフェノール，あるいはこの1～4量体が混合したレゾールと呼ばれる油状物が得られる．レゾールはさらに加熱，加圧することにより，強固な熱硬化性樹脂であるレジットを形成する（スキーム3.21）．

3.1.4 高分子反応

高分子反応とは，すでに生成している高分子を修飾したり，高分子の反応を利用したりすることによって高分子の性能を向上させたり，あるいは高分子に新しい機能を付与する目的で行われる反応のことを指す．高分子反応には，主に等重合度反応と架橋反応，および分解反応がある．

(1) 等重合度反応

高分子反応の前後において，高分子の重合度が変化しない反応のことを指し，主鎖や側鎖に対する置換反応や，分子内環化反応などが該当する．実施例が多いのは，側鎖に反応性基をもつ反応性高分子に対して，目的とする機能団（官能基や側鎖など）を導入する置換反応である．工業的に重要な反応の一つとして，ポリ酢酸ビニルの加水分解によるポリビニルアルコール(PVA)の合成，およびアセタール化によるビニロンの合成が挙げられる．

ポリビニルアルコールの単量体であるビニルアルコールは，構造が不安定であり，一般的にモノマーとしては存在しない．このため，ポリビニルアルコールの合成は，まず酢酸ビニルを重合してポリ酢酸ビニルとした後，エステル残基を加水分解（けん化）することによって実施される（スキーム3.22）．加水分解はメタノール中，水酸化ナトリウムを触媒として行われ，エステル交換によって反応が進行する．この加水分解の度合いを"けん化度"といい，重合度（分子量）とともに，ポリビニルアルコールの特性を表す重要な指標となる．

$$CH_3=CH_2 \atop OCOCH_3 \longrightarrow \left(CH_3-CH_2 \atop OCOCH_3\right)_n \xrightarrow[NaOH]{CH_3OH} \left(CH_3-CH_2 \atop OH\right)_n + CH_3COOCH_3$$

(スキーム 3.22)

ポリビニルアルコールに，酸触媒の存在下ホルマリン (HCOH) を作用させると，1,3-ジオール部分で分子内環化反応が起こり，ビニロンが得られる（スキーム 3.23）．この反応は確率的に，水酸基が 13.53％ 残存するところまで進行するが，それ以上は進行しない．ビニロンは主に，ロープや魚網，アスベストに替わる充填材など，産業用資材として利用される．

(スキーム 3.23)

分子内環化反応のもう一つの例として，炭素繊維の合成が挙げられる．ポリアクリロニトリル (PAN) を 250°C 付近で加熱すると環化反応が起こり，さらに酸化性雰囲気下，緊張または延伸条件で処理することにより，長い共役構造で構成されるラダー型高分子が得られる（スキーム 3.24）．

(スキーム 3.24)

このラダー型高分子は耐炎化糸と呼ばれ，さらに不活性ガス中で加熱することによって直線状高分子の切断，架橋反応，炭素構造の構築，さらに窒素脱離による縮合環の環数増大などが起こり，高強度の炭素繊維となる．この段階を炭化糸と呼び，炭化糸をさらに不活性ガス中，2000°C 付近で焼成すると炭素網面がさらに発達し，黒鉛化糸と呼ばれる高弾性率の炭素繊維が得られる（図 3.5）．

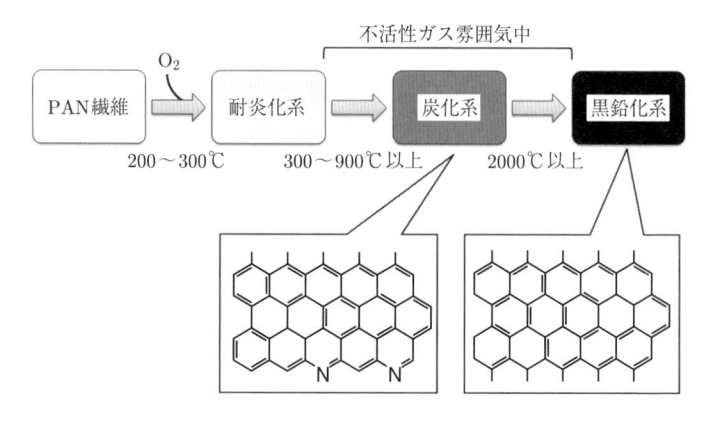

```
PAN繊維 →[O₂]→ 耐炎化系 →→ 炭化系 →→ 黒鉛化系
         200〜300℃      300〜900℃以上    2000℃以上
                    ┌──────不活性ガス雰囲気中──────┐
```

図 3.5 炭素繊維製造プロセス.

(2) 架橋反応

分子内に二重結合や,メチロール基,イソシアネート基,エポキシ基などを有する反応性高分子は,加熱するか,あるいは適当な多官能性化合物(硬化剤)と反応して架橋を起こす.例えば,エポキシ樹脂はジアミンや酸無水物と混合すると,室温または加熱条件下で付加反応が進み,三次元構造を形成する.この反応を硬化といい,架橋反応の多くが熱硬化性樹脂の硬化反応であるといえる.3.1.3項で述べたフェノール樹脂の硬化も,架橋反応に含まれる.

架橋反応の代表例が,ゴムの加硫反応である.生ゴムの主成分であるジエン系高分子はそのままではゴム独特の弾性をもたないが,加硫促進剤と共に硫黄と加熱することで,広い温度範囲でゴム弾性をもつようになる.加硫反応の機構は明確になっていないが,まず加硫促進剤が硫黄と反応してポリスルフィドを生成し,次にポリスルフィドがゴムと反応してゴム—ポリスルフィドを形成,さらにこのゴム—ポリスルフィドが直接,あるいは活性をもつ中間体を経て架橋するというステップで進行すると考えられている(スキーム 3.25.なおスキーム中の R は加硫促進剤を表す).

$$R + S_8 \longrightarrow R\text{-}S_x\text{-}R$$

(スキーム 3.25)

(3) 分解反応

ポリマーの分解反応は，熱や光，放射線，化学試薬，あるいは微生物などの作用によって起こり，それぞれ異なる機構や特徴をもつ．分解反応は，主に高分子の分析に使われることが多く，例えば熱分解ガスクロマトグラフ質量分析装置（GC-MS）によって熱分解生成物を同定することは，高分子の構造解析の手段の一つとしてよく利用される．このようにして得られた情報は，例えばポリマーの劣化機構の解明や，劣化防止のための添加剤の開発に役立てられる．また，使用済み高分子の廃棄や無害化といった課題にも直結している．一方で，分解反応が高分子合成に応用される場合もある．アクリル繊維の熱分解による炭素繊維の合成がこれに該当し，炭素糸化工程の初期において，PAN分子の切断と架橋反応が連続して起こっている（図3.5）．

近年では，環境問題への関心から，廃プラスチックのケミカルリサイクルによる再資源化が注目されており，廃プラスチック材料を熱分解して油化し，燃料あるいはモノマーとして再利用する検討が行われている．また，プラスチック材料のうち，アミド，エステル，カーボネート結合をもつ重縮合系高分子は，縮重合反応が加水分解反応やアルコール分解反応の逆反応であることから，これらの高分子は加水分解やアルコール分解によって比較的容易に解重合され，モノマーや低分子量物にリサイクルされやすいと考えられる．この性質を利用して，超臨界水を用いて廃プラスチック材料を解重合し，純度の高いモノマーを回収するという検討も行われている．

分解反応が，架橋など，高分子の構造変化を引き起こす例も存在する．例えばポリ塩化ビニルを空気中で燃焼させると，臭気の強いガスが発生し，黒い炭化物が残渣として残るが，これは燃焼によって塩化水素ガスが脱離し，残ったポリエンが反応して架橋構造を形成するためである．また，高分子に電子線などの放射線を照射すると，主鎖の分解と側鎖の分解が競争的に起こり，後者が速い場合は架橋が起こる．ポリエチレンやポリプロピレン，ポリスチレンなどは架橋を起こしやすい．この性質を利用して，ポリエチレンなどの高分子材料に電子線を照射して架橋反応を誘導し，耐熱性の高いフィルムやシート，熱収縮チューブやフィルムなどの製造が行われる．

3.2 高分子の性質

3.2.1 高分子の構造

　高分子の構造は，高分子鎖1本の取る一次構造，高分子鎖の空間的配置である二次構造，および，集合形態による高次構造により規定される．

(1) 高分子の一次構造

　一次構造は重合反応でのモノマーの繰り返し単位によって決まる分子鎖の構造であり，結合連鎖様式，立体規則性，共重合様式などが含まれる．

　高分子の単結合まわりの立体配座（コンフォメーション）は，トランス，シス，ゴーシュなどの変化をとるが，主鎖まわりの回転のポテンシャルエネルギーは大きく，自由に回転できない．そこで立体配座の結合連鎖形式により異なった分子鎖が生じる．例えば，ビニル化合物の付加反応ではその連鎖様式が2種類ある．頭―尾 (head-to-tail) 結合と頭―頭 (head-to-head) 結合である．モノマーや重合反応の条件により，異なった一次構造の高分子が生成する．

　次に同じ，head-to-tail 結合においても，モノマー間の相互の立体配置（コンフィグレーション）により立体規則性の異なる立体異性体構造が生じる．モノマー単位が全て同じ立体配置であればアイソタクチック (isotactic)，立体配置が交互に逆になればシンジオタクチック (syndiotactic) となる．立体配置が不規則であればアタクチック (atactic) と呼ぶ．一般にアタクチック高分子は結晶化しにくく，非晶状態をとる．アイソタクチック，シンジオタクチック高分子は結晶形態を取りやすい．また，1本の高分子鎖内にも規則的な部分と不規則な部分をもち，その集合体において，融点や融解過程が異なり，様々な高分子物性を示す．

　また，高分子には単一のモノマーが重合して合成された単一高分子（ホモポリマー）以外にいくつかの異なったモノマーが重合して得られる高分子（共重合体，コポリマー）がある．異なるモノマーの連なり方により様々な高分子鎖が生じ，物性も異なる．機能や高分子の性質を改質，改良する方法として共重合体が利用されている．代表的な共重合体構造には，(i) ランダム共重合体，(ii) 交互共重合体，(iii) ブロック共重合体，(iv) グラフト共重合体が挙げられる．例として，モノマーSとモノマーMからなる共重合体の場合を以下に示す．

(i) ランダム共重合体

SとMがランダムに連なった共重合体をランダム共重合体という．

$$-S\text{-}M\text{-}S\text{-}M\text{-}M\text{-}S\text{-}S\text{-}M\text{-}M\text{-}M\text{-}M\text{-}S\text{-}M\text{-}S\text{-}$$

(ii) 交互共重合体

SとMが完全に交互に連なった共重合体を交互共重合体という．

$$-S\text{-}M\text{-}S\text{-}M\text{-}S\text{-}M\text{-}S\text{-}M\text{-}S\text{-}M\text{-}S\text{-}$$

(iii) ブロック共重合体

SのブロックとMのブロックとが連なった共重合体をブロック共重合体という．最近では性質の大きく異なるブロックの相分離構造を利用した新規な材料開発が行われている．

$$-(S\text{-}S\text{-}S\text{-}S)\text{-}(M\text{-}M\text{-}M\text{-}M)\text{-}(S\text{-}S\text{-}S\text{-}S)-$$

(iv) グラフト共重合体

SまたはMのどちらかの高分子鎖にコモノマーが枝分かれした構造の共重合体をグラフト共重合体という．

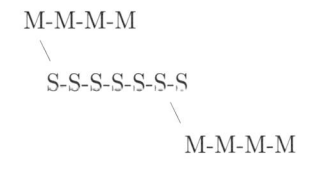

```
          M-M-M-M
         \
    S-S-S-S-S-S-S
                \
                 M-M-M-M
```

(2) 高分子の二次構造

一次構造は，重合時に一義的に決まる構造であるが，それに対して，1本の高分子鎖が分子内相互作用により取る空間的配置を二次構造と呼ぶ．分子内水素結合によるポリペプチドのヘリックス構造や，たんぱく質のβシート構造，また，双極子間相互作用などの種々の分子内相互作用により形成される構造などが挙げられる．

(3) 高分子の高次構造

さらに固体高分子は分子間相互作用により高分子鎖が集合して，結晶，非晶，液晶，ミクロ相分離構造などの三次構造を形成している．結晶形態としては，折りたたみ鎖結晶，伸びきり鎖結晶，シシカバブ結晶，球晶，房状ミセル構造な

どが挙げられる．実際の高分子の高次構造は，二次，三次構造が組み合わさって形成されている．

3.2.2 高分子の分類と特徴

高分子は，天然高分子と合成高分子とに大きく分類できる．さらに合成高分子においては，熱的特性により，熱可塑性樹脂 (thermoplastic resin) と熱硬化性樹脂 (thermosetting resin) とに分類される．

(1) 熱可塑性樹脂

熱可塑性樹脂は，ガラス転移温度 (T_g) または融点 (T_m) まで加熱することで軟化し，成形加工が可能な樹脂を意味し，多くは付加重合による鎖式構造を有する．熱可塑性樹脂 (**図3.6**) を用途により分類すると，汎用プラスチックとしては，ポリエチレン (PE)，ポリプロピレン (PP)，ポリスチレン (PS)，アクリル樹脂 (PMMA) などがある．エンジニアリングプラスチックはエンプラともよばれ，150〜200°C の熱変形温度をもち，射出成形などの熱成形が可能である．ポリアミド (PA)，ポリエステル (PET)，ポリカーボネート (PC)，ポリオキシメチレン (POM)，ポリフェニレンオキシド (PPO) などがある．さらに，耐熱性が 170°C を越すものはスーパーエンプラと呼ばれ，ポリエーテルエーテルケトン (PEEK)，ポリエーテルサルホン (PES)，ポリイミド (PI) などがある．多くは芳香族の縮合系高分子である．

(a) ポリエチレン (PE)

PE はエチレンの重合体であり，最も簡単な構造の高分子である．密度や分子量で数種類に分類され，低密度 PE，直鎖状低密度 PE，高密度 PE，超高分子量 PE などがある．低密度 PE は短鎖分岐と長鎖分岐をもち密度が 0.91〜0.94 である．高密度 PE は分岐がほとんどなく密度が 0.94〜0.97 である．PE は一般に軽量で耐薬品性や耐水性にも優れる．また，誘電損失が小さく電気絶縁性にも優れ，低温環境でも脆くなり難いなど低温特性にも優れる．

(b) ポリプロピレン (PP)

PP は密度が小さく，軽い樹脂である．PP の機械的物性は引張強さが PE よりも優れ，剛性にも優れる．熱的性質は融点が 160〜165°C で熱可塑性樹脂の中では比較的高い部類に入る．したがって滅菌処理にも十分耐えることができ，医療用器具などへも応用が可能である．また，酸やアルカリなどの耐薬品性に優れている．電気特性としては電気絶縁性に優れ，誘電特性 (特に高周波) や絶

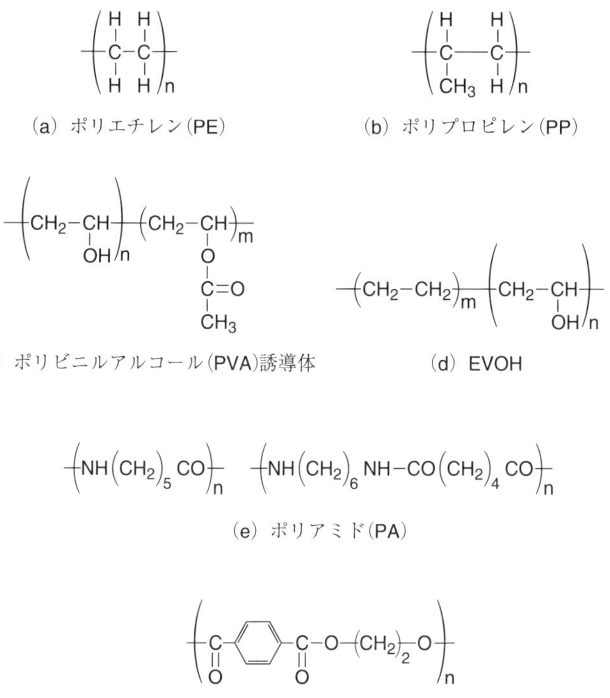

(a) ポリエチレン(PE)　(b) ポリプロピレン(PP)
(c) ポリビニルアルコール(PVA)誘導体　(d) EVOH
(e) ポリアミド(PA)
(f) ポリエステル

図 3.6　熱可塑性樹脂.

縁破壊電圧が高い．また，PP は透明性に優れ，水蒸気透過度が小さいため，包装用フィルムとしても使用される．

(c)　ポリビニルアルコール (PVA) 誘導体

PVA はポリ酢酸ビニルをアルカリ加水分解して作られる．鹸化度や重合度をかえることにより，PVA の水溶性，粘度，皮膜強度を調整できる．鹸化度の高い PVA フィルムは乾燥状態でのガスバリア性に優れる．しかし，ヒドロキシル基による水素結合が湿度の影響を強く受け，湿度の増加とともに急激にガスバリア性は低下する．また，耐油性，耐有機溶剤性に優れる．

(d)　EVOH

EVOH はポリエチレン (PE) とポリビニルアルコール (PVA) との共重合体である．EVOH フィルムの特徴は，PVA の特徴である高いガスバリア性，耐油性，耐有機溶剤性と，PE の特徴である耐水性や熱加工性に優れる特徴をも

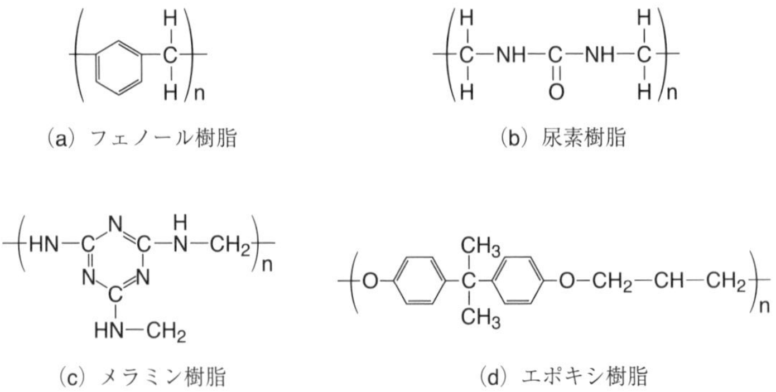

(a) フェノール樹脂
(b) 尿素樹脂
(c) メラミン樹脂
(d) エポキシ樹脂

図 3.7 熱硬化性樹脂.

つ．ガスバリア性はPEとPVAとの組成比にもよるが，樹脂の中では最も高いバリア樹脂の部類に入る．

(e) ポリアミド (PA)

ポリアミドはアミド結合を繰り返し構造内に有する結晶性の高分子である．一般に代表的なポリアミドとしてナイロンが挙げられる．ナイロンの一般的な性質は，摩擦抵抗が小さく，吸湿性が大きく，耐薬品，耐油性に優れる．

(f) ポリエステル

ポリエステルはエステル結合を繰り返し構造内に有する結晶性の高分子である．エチレングリコールとテレフタル酸との重縮合により得られるポリエチレンテレフタレート (PET) が代表的である．PETフィルムは引張強度が大きく，絶縁破壊電圧や体積固有抵抗などの電気絶縁性も高い．

(2) 熱硬化性樹脂

一方，熱硬化性樹脂は高分子鎖が三次元的に架橋され，網目状につながっているため，加熱しても軟化や流動は起こらず，溶媒にも溶解しない．加熱をさらに続けると化学結合が解裂し，分解が生じる．熱硬化性樹脂として，フェノール樹脂，ウレタン樹脂，メラミン樹脂，尿素樹脂，エポキシ樹脂などが挙げられる（図3.7）．

(a) フェノール樹脂

フェノール樹脂はフェノールとアルデヒドの縮合反応により得られ，別名ベークライトといわれている．絶縁性，耐水性，耐薬品性などに優れる．

(b) 尿素樹脂

尿素樹脂は尿素とホルムアルデヒドとの縮合との縮重合により得られる．無色透明な樹脂で着色が容易で安価である．また，難燃性，自消性がある．

(c) メラミン樹脂

メラミン樹脂はメラミンとホルムアルデヒドとの縮重合により得られる．表面硬度が高く，耐水性，耐熱性，耐薬品性にも優れている．

(d) エポキシ樹脂

エポキシ化合物は分子構造中にオキシラン（酸素1原子と炭素2原子からなる三員環）を2個以上もつ化合物の総称である．このようなエポキシ化合物を主剤とし，アミンやアミドなどの分子中に活性水素を2個以上もつ化合物を硬化剤として，付加縮合反応により三次元網目状の架橋構造を形成する．ビスフェノールAとエピクロルヒドリンとの反応により得られるビスフェノールA型のエポキシ樹脂が広く使用されている．

3.2.3 熱特性

(1) 高分子の融解

プラスチックの成形加工は3.3節で述べられるように，押出成形や射出成形など様々な成形方法がある．その成形方法の多くは，プラスチックを溶融させ，金型へ流し込み，冷却することにより，思いどおりの形を作る．よって，プラスチックの成形加工において，ガラス転移，軟化，溶融（流動），結晶化などの熱特性は重要である．

高分子をミクロな視点で観察すると，分子鎖が三次元的に規則正しく配置されている結晶領域と無秩序に存在する非晶領域をもつものがある．このような高分子は結晶性高分子と呼ばれる．結晶性高分子のもつ結晶領域の割合は高分子の種類によって異なるが，100％の結晶領域をもつ高分子は存在しない．この結晶領域の量は，熱処理や延伸などの成形方法などにより，ある程度調整することができる．結晶領域の量を単位重量あたりの重量分率で表す値を結晶化度と呼ぶ．なお，通常の成形条件で成形したときに，100％の非晶領域をもつ高分子は存在し，このような高分子を非晶性高分子と呼ぶ．

結晶性高分子の温度に対する状態の変化を観察してみる．**図3.8**に結晶性高分子の一つであるポリエチレンテレフタレート (PET) について，DSC測定中のエンタルピー変化の模式図およびその外観を示す．図3.8で①測定前の試料

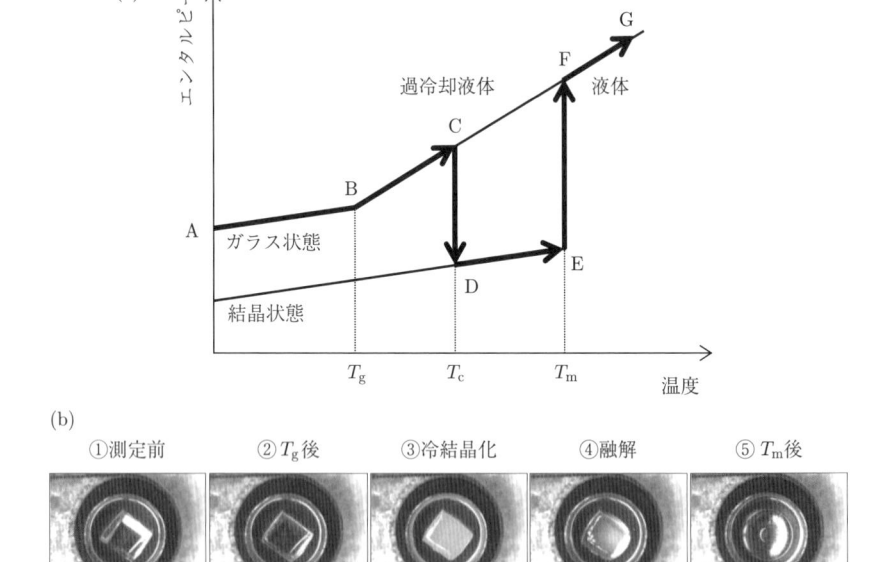

図 3.8 (a) 昇温時のエンタルピー変化の模式図と (b) PET ボトル口部の DSC 測定における外観変化（リアルビュー DSC 画像）
（画像提供：㈱三井化学分析センター）

は，手触りも硬く，しっかりとした感触がある．これはガラス状態 A に相当し，分子鎖のセグメントの運動が凍結された状態にある．A から B へ徐々に温度を上げると，ガラス状態の熱容量に比例して，試料のエンタルピーは上昇する．試料の温度がガラス転移温度 B (T_g) に到達すると，高分子の分子運動が活発化し，ガラス状態から過冷却液体状態へ変化することで，②やや柔らかい皮革状態になる．この変化に伴い直線 BC の傾きは液体の熱容量に比例するようになり，その傾きは AB よりも大きくなる．さらに昇温すると，結晶化温度 C (T_c) で結晶化が起き，C から D へ過冷却状態から結晶状態へ徐々に白濁しながら変化する．この変化により DE の傾きは結晶状態の熱容量に比例するようになる．そして結晶化により，③完全に白濁する．さらに昇温すると，融点 E (T_m) 手前から④徐々に溶融し，T_m に達すると E から F へ⑤完全に溶融する．

(2) 結晶性高分子の結晶化

非晶領域にある分子鎖はある外部条件により規則的に再配列して結晶領域を作ることができる．高分子の結晶化現象は低分子における結晶化のメカニズムと本質的に何ら変わるところはない．結晶化の初期において，結晶成長の速度が緩やかであり，これは結晶核の生成に関係する．最初，核中心は自由な熱運動の過程で分子鎖セグメントが集まり，形成されていると考えられている．一定数の結晶核が存在するようになると，結晶核の周囲に高分子が配列し，結晶は成長する．この運動をマクロブラウン運動と呼ぶ．そして結晶の成長が進むにつれ，結晶に隣接する分子鎖のマクロブラウン運動が徐々に抑制される．このため結晶化速度は急速に減少するため，完全に結晶化する前に結晶成長が停止する．よって，結晶化度は 100 % に達することはない．

結晶化を起こす外部条件の一つに "熱の効果" がある．温度が低いほど安定な核が生成する確率が増す．言い換えると，結晶核の数が増える．しかし，前述のとおり，結晶化が進むとマクロブラウン運動は低下するため結晶は成長し難くなる．よって，分子鎖が動いて再配列するには，ある程度の温度を必要とする．これら相反する二つの理由により，結晶化速度は T_g と T_m の間で最大値となる．温度がさらに低下し，T_g 以下において，マクロブラウン運動は完全に凍結されるため，結晶化は起きない．

(1) の PET の溶融現象において観察したように，結晶性高分子である PET は，固体-液体に変化する間に冷結晶化を起こし，結晶の大きさが可視光の影響を受ける大きさよりも大きくなると白濁する．これは非晶領域と結晶領域の密度が違うことで光の屈折率が異なるため，非晶領域と結晶領域の間で光が無秩序に散乱され，白濁として観測されるのである．また，温度や時間のかけ方の違い（熱履歴）によって，結晶領域と非晶領域の量（結晶化度）が変わる．結晶性高分子は結晶化度により，その物理的性質を変えるため，熱履歴を知ることは重要である．

(3) ガラスの転移

ガラス転移という名称の元となる "ガラス" は，一般的に硬く，脆いという特徴をもつ．この特徴はガラスのもつ分子構造に由来する．ガラスの分子構造は SiO_2 が不規則に配列し，非晶状態である．実際，ガラスの X 線回折を測定してもブロードなピークとなり，一定の構造をもたないことがわかる．ガラスは非晶状態であるため，金属のような原子配列が作る滑り面がない．したがっ

て多少の力をかけても滑らないがゆえに硬いが，小さなひずみで砕けてしまう脆さをもつことになる．高分子でも同様に非晶性高分子のガラス状態は硬く，脆いという物理的性質をもつ．また，ガラスと非晶性高分子の共通点はその透明性である．これは前述のとおり，結晶性高分子が結晶領域と非晶領域で屈折率が違うため白濁するのに対し，結晶領域をもたないガラスや非晶性高分子は透明になる．

皮革状態（非晶性高分子ではゴム状態）からガラス状態への変化をガラス転移といい，急激な物理的・力学的性質の変化を伴う．ただし，短い時間での体積変化は非常に少ない．これはガラス転移前後ではその分子構造を保つことを示しており，熱力学的な転移ではないことを表している．ガラス転移前後の状態の違いは分子鎖セグメントの運動性にあり，T_g以下では主鎖分子の回転運動（ミクロブラウン運動）が抑制される．よって，ガラス状態とは速度論的な制約により生じた非平衡状態である．

T_g付近ではわずかなミクロブラウン運動が可能である．例えば，PETをT_gよりある程度低い温度（例えば室温）にて放置した状態であっても，十分な時間をかけると，DSC測定においてT_g付近かそれ以下に吸熱ピークが観測されることがある．これは，わずかながら主鎖のミクロブラウン運動による緩和が起き，時間とともに体積収縮が起きているからである．このような緩和をエンタルピー緩和と呼ぶ．

対象としている高分子が，実用温度でガラス状態であるか皮革状態であるかは成形品として重要な問題となる．ガラス転移温度が室温以下であるポリエチレンやポリプロピレンは，室温において皮革状態にあるため，ミクロブラウン運動が可能となり，ガス拡散係数が高く，非凝縮系ガスの透過率は高くなる．なお，**表3.3**に一般的な高分子のT_gおよびT_mを示す[1]．

高分子はある程度以上の分子量に達すると，分子量が増加してもT_gは変化しない．その一例として**図3.9**にポリスチレンのT_gの数平均重合度（分子量）依存性を示す[2]．重合度から分子量への換算はポリスチレンモノマーの分子量である104を数平均重合度にかけた$104X_n$により算出できる．一般的な高分子は平均分子量が数万以上であり，図3.9ではほぼ一定の値を示す領域に達していることがわかる．また，どの程度の分子量に達するとT_g一定と見なせるかは高分子の種類により違うが，多くの高分子では主鎖の分子量が数十万以上でT_gほぼ一定として近似できる．

表 3.3 ガラス転移温度と溶融温度.

物 質 名	T_g [°C]	T_m [°C]
ポリエチレン	−125	146
ポリジメチルシロキサン	−127	−40
ポリメチレンオキシド	−82	200
ポリプロピレン i（アイソタクチック）	−8	185
s（シンジオタクチック）	−8	138
a（アタクチック）	−13	—
ポリ酢酸ビニル	32	—
ポリメタクリル酸メチル i	38	160
s	105	200
a	105	—
ナイロン-6,6	57	265
ポリエチレンテレフタレート	69	280
ポリ塩化ビニル	81	310
ポリビニルアルコール	85	228
ポリスチレン	100	—
ポリカーボネート（ビスフェノール A）	145	295

出典 「高分子データ・ハンドブック―基礎編―」, 高分子学会（編），(培風館, 1986), p.525.

(4) 融点を決める要因

高分子の融点 (T_m) はどのような要因により決まるのであろうか．融解のような相転移点では熱力学的に次式が成り立つ．

$$T_m = \frac{\Delta H_m}{\Delta S_m} \tag{3.1}$$

ここで，ΔH_m は融解のエンタルピー変化，ΔS_m は融解のエントロピー変化である．T_m は ΔH_m が大きいほど，また，ΔS_m が小さいほど高くなることがわかる．ΔH_m が大きいということは分子間相互作用が大きいということである．したがって，主鎖に極性基を導入することで T_m は上昇することとなる．一方，ΔS_m が小さいということは，分子の対称性と形態の自由度に関係する．対称性が高く，形態の自由度の変化が小さいほど ΔS_m が小さくなる．実際には分子鎖に芳香族や複素環などの構造を導入することで，分子鎖の対称性が高くなり，さらに分子の回転などの形態の自由度を下げるため，ΔS_m が小さくなり，T_m は上昇する．

T_m が高い高分子は T_g も高いことが多く，ガラス転移温度についても ΔH_m

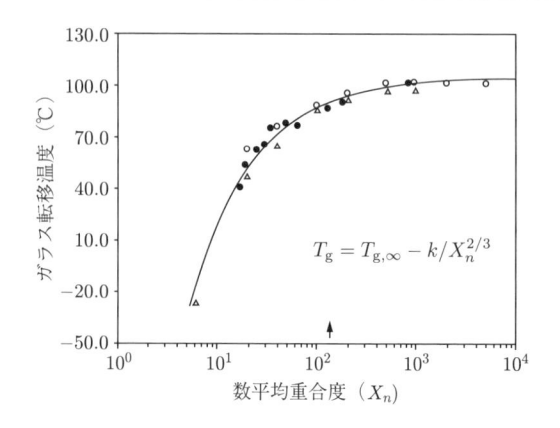

図 3.9 ポリスチレンの T_g の分子量 $(104X_n)$ 依存性.
出典 K. O'Driscol and R. A. Sanayei: *Macromolecules*, **24**, 4479 (1991).

と ΔS_m を変えることは有効である.温度を絶対温度 (K) で表す場合,T_m と T_g の間には経験的に次のような関係があてはまることが多い.

$$非対称性高分子：T_\mathrm{g}/T_\mathrm{m} \fallingdotseq 2/3$$

$$対称性高分子：T_\mathrm{g}/T_\mathrm{m} \fallingdotseq 1/2$$

また,結晶化に関しては融解した高分子が,その融点の約 0.9 倍の温度で最大の速度で結晶化するという経験則がある.

(5) 熱膨張率

密度の逆数である,単位重量あたりに物体の占める容積を比容といい,比容の温度変化を熱膨張率と呼ぶ.この比容の変化を**図3.10**に示す.冷却固化する場合,結晶性高分子では結晶化温度 (T_c) に達すると,結晶化に伴い急速に比容が減少する.この比容の大きな変化は,一般的な結晶性高分子が大きな成形収縮率を示す原因となっている.また,非晶性高分子の場合も冷却により比容の減少は起きるが,結晶化による急速な変化がないままにガラス転移を起こす (T_c での比容の著しい減少が起きない).そして,ガラス転移後は転移前よりも緩やかに比容の減少を起こす.

熱膨張率には全ての方向に等方的な変化である体積膨張率 (α) と長さ方向の変化である線膨張率 (β) がある.高分子において,これら膨張率の間には次式の関係が成り立つことが知られている.

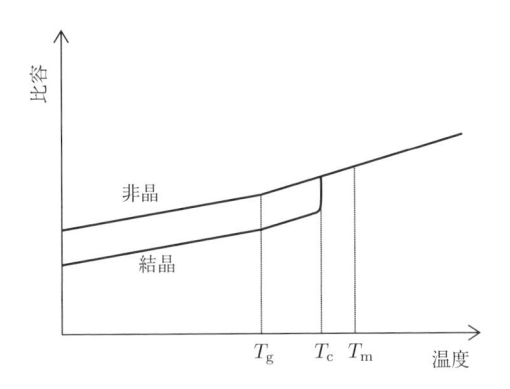

図 3.10 一般的な高分子の温度と比容の関係.

$$\alpha = 3\beta \tag{3.2}$$

しかし,ガラス繊維強化プラスチックではガラス繊維の含有量と共にガラス繊維の配向方向の線膨張率が著しく小さくなる.

3.2.4 粘弾性

(1) 粘弾性のモデル

粘弾性は粘性と弾性の両方の性質をもつ性質を指し,高分子の力学的性質を特長づける挙動の一つである.弾性は力を取り除くと元に戻る性質をいう.例えば,弾性をもつ例にはゴムがあり,引き伸ばせば大きく変形し,その力を取り除くと瞬時に元の状態に戻る.一方,粘性とはかけた力に応じて変形したままになる液体のような性質をいう.粘性をもつ例として粘土があり,引き伸ばすと力に応じて変形し,力を取り除いても元の状態には戻らない.これら弾性と粘性を合わせた性質を粘弾性といい,変形させてからの時間や速さによって,弾性体としても粘性体としても振舞う.

高分子の粘弾性挙動を,粘性挙動と弾性挙動に分け,力学的なモデルとして考えてみる.粘性体のモデルはダッシュポット(Newton 粘性)として表し,かけた応力 (σ) とひずみ速度 ($\dot{\gamma} : d\gamma/dt$) の間に比例関係が成り立ち,粘度 ($\eta$) と次式で表される(Newton の法則).

$$\eta = \frac{\sigma}{\dot{\gamma}} \tag{3.3}$$

一方,弾性体のモデルはバネ(Hooke 弾性)として表し,バネは応力 (σ) と

(a) Maxwell モデル　　　(b) Voigt モデル

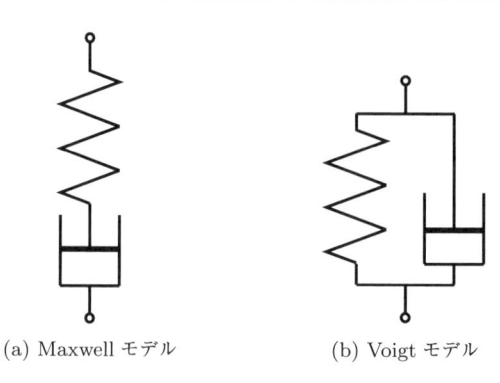

図 3.11　粘弾性の力学モデル.

ひずみ (γ) に比例関係が成り立ち，弾性率 (G) は次式で表される（Hooke の法則）．

$$G = \frac{\sigma}{\gamma} \tag{3.4}$$

　高分子中ではこれらダッシュポットとバネが組み合わさったモデルを力学的モデルとして扱う．これらダッシュポットとバネの組み合わせ方において，直列に結合したモデルを Maxwell モデルと呼ばれ，並列に結合したモデルを Voigt モデルと呼ばれる（**図3.11**）．これらダッシュポットとバネの挙動は応力とひずみのかけ方により適切なモデルが異なる．Maxwell モデルは主に高分子に一定のひずみを加えたときに生じる応力を表すために用い，Voigt モデルは一定の応力を加えたときに生じるひずみを表すために用いる．

(2)　高分子の粘弾性

　高分子の粘弾性的挙動は，測定方法の違いによって，(i) 静的粘弾性，(ii) 動的粘弾性，(iii) 流動化での粘弾性の三つに分類される．(i) は瞬間的に加えたひずみまたは応力に対する応答であり，応力緩和やクリープなどの挙動である．(ii) は正弦的なひずみまたは応力を加えたときに示す，動的粘弾性の挙動である．(iii) は一定の速度で増加するようにひずみをかけたときの挙動である．(i) と (ii) は系に与えるひずみが十分小さい場合，応力とひずみと時間の関係は線形の微分方程式で表され，線形粘弾性挙動である．通常の高分子固体において，この線形関係が成り立つのは，ひずみが1％以下の領域である．ただし，結晶性高分子ではさらに小さく，0.1〜0.4％である．(iii) における非 Newton 流動あるいは法線応力現象は，非線形の粘弾性挙動である．また，(i) と (ii) におい

ても1%を越えるひずみを与えた場合は線形から外れ，(iii) 同様に非線形の粘弾性挙動を示す．ここでは (i) 静的粘弾性動，(ii) 動的粘弾性動の粘弾性の挙動について述べる．

(i) 静的粘弾性

静的粘弾性は変化を一定量かけたときの粘性と弾性の挙動を表す．ひずみを一定量かけたときの応力変化は応力緩和を表し，応力を一定量かけたときのひずみの変化はクリープを表す．それぞれ，応力緩和とクリープについて考える．

①応力緩和

ポリ袋を短冊状に切り，ひずみ（引き伸ばした距離）が一定になるように力をかけてみると，ひずみを保つ力がだんだん弱くなることがわかる．この現象は応力緩和と呼ばれている．応力緩和を Maxwell モデルで考える．ポリ袋にひずみをかけると，まず，バネが変形し，その弾性率に応じた応力が必要となり，応力を感じる．その後，ダッシュポットが変形し始めると，徐々にバネが元に戻るため，かかる応力が小さくなっていく．

この現象を Maxwell モデルで考えると，ひずみの時間変化 ($d\gamma/dt$) は式 (3.3) 時間微分した式 (3.4) との和で表される．

$$\frac{d\gamma}{dt} = \frac{1}{\eta}\sigma + \frac{1}{G}\frac{d\sigma}{dt} \tag{3.5}$$

ここで，初期 ($t=0$) に γ_0 のひずみを与え，そのままの状態を維持すると仮定する．このとき加えた応力 (σ) は γ が一定になるように変化する時間の関数 $\sigma(t)$ である．そして，ひずみは時間により変化しないため，ひずみ速度は 0 になり，式 (3.5) は $d\gamma/dt = 0$ を入れることで，次式のように解くことができる．

$$\sigma(t) = \sigma_0 \exp\left(-\frac{t}{\tau}\right) \tag{3.6}$$

ここで，σ_0 は初期 ($t=0$) の応力，τ は緩和時間を表し，次式で表される．

$$\tau = \frac{\eta}{G} \tag{3.7}$$

式 (3.6) は，ひずみが一定になるように応力をかけた場合，応力が時間とともに指数関数的に減衰することを示している．応力が初期の $1/e$ にまで減少する時間が τ として表される．

②クリープ

それでは，先ほどの短冊状のポリ袋に適度な重さの荷重（応力）をかけてみ

る(応力が一定になる).うまく観察できるとは限らないが,徐々にポリ袋が伸びる速さが速くなっていくことがわかる.分子の観点でみると,高分子の分子鎖同士が互いにすべり合いを起こし,分子鎖がほどけてくる.このため高分子は元の位置からずれ,変形を起こす.この後で荷重を除いても元の形には戻らない.一定の応力をかけた場合,生じるひずみは一定速度で増大する.このような現象はクリープと呼ばれている.

クリープの緩和を Voigt モデルで考えると,式 (3.3) と式 (3.4) の和として表される.

$$\sigma = G\gamma + \eta \frac{d\gamma}{dt} \tag{3.8}$$

ここで,初期 ($t=0$) に一定応力 σ を与え,そのままの状態を維持すると,ひずみ (γ) は時間とともに変化する時間の関数 $\gamma(t)$ である.

$$\gamma(t) = \gamma_\infty \left(1 - \exp\left(-\frac{t}{\lambda}\right)\right) \tag{3.9}$$

ここで,γ_∞ は伸びきった後のひずみを表す.λ は遅延時間を表し,次式で与えられる.

$$\lambda = \frac{\eta}{G} \tag{3.10}$$

式 (3.9) は,応力が一定となるように引き伸ばした場合,指数関数的に伸びることを意味している.

荷重をかけたまま切れる場合には,Voigt モデルでその挙動を表しているが,切れる前に荷重を取り除いた場合はどうなるであろうか.この場合,荷重を取り去った時点で,素早いクリープ回復や永久変形が残るが,これらを表すことができない.しかし,Maxwell モデルと Voigt モデルを組み合わせることで,これらの挙動を表すことができる.実際の成形品は高分子をブレンドし,物性をコントロールしている.これらの挙動は各モデルを複数組み合わせることで表現でき,モデルとしては一般化 Maxwell モデルや一般化 Voigt モデルおよびそれらの組み合わせで表現できるようになる.

(ii) 動的粘弾性

高分子に一定の周期で応力変化(またはひずみ変化)を与え,ひずみ変化(または応力変化)を測定することで,動的粘弾性測定ができる.動的粘弾性測定では前述の弾性成分と粘性成分により応答が異なるため,弾性成分と粘性成分に分けることができる.また,動的粘弾性のデータは高分子の内部構造と密接

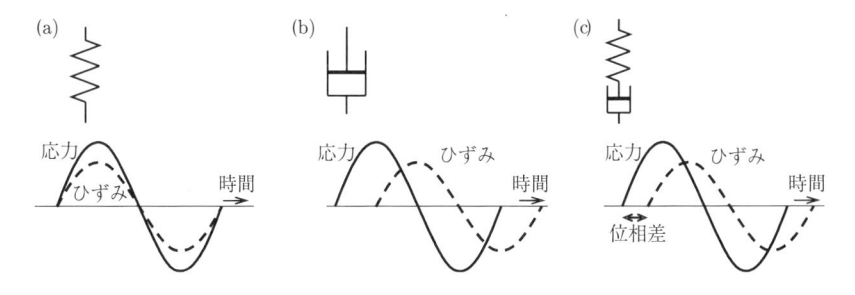

図 3.12 (a) 理想弾性体（バネ），(b) 理想粘性体（ダッシュポット）および (c) 粘弾性体（Maxwell モデル）の動的粘弾性挙動．

な関係があるため，分子構造や材料特性に関する知見を得ることができる．

理想弾性体（バネ），理想粘性体（ダッシュポット）および粘弾性体（Maxwell モデル）の動的粘弾性挙動を模式図として**図 3.12** に示す．応力をかけたときのひずみ量の変化の周期に着目すると，図 3.12(a) の理想弾性体であるバネでは応力と同時にひずみが変化し，図 3.12(b) の理想粘性体であるダッシュポットでは応力から $\pi/2\omega$ 遅れてひずみが変化する．よって，粘弾性体のモデルである図 3.12(c) の Maxwell モデルでは，応力から $0\sim\pi/2\omega$ の間で遅れてひずみが変化することになる．ここで角周波数 (ω) の正弦波でひずみを与える場合，ひずみ (γ) は時間の関数として次式で表される．

$$\gamma(t) = \gamma_0 \exp(i\omega t) \tag{3.11}$$

このとき，生じる応力は次式で表される．

$$\sigma(t) = G^*(\omega)\gamma(t) \tag{3.12}$$

$G^*(\omega)$ は複素弾性率と呼ばれ，実数部と虚数部に分けると次式になる．

$$G^*(i\omega) = G'(\omega) + iG''(\omega) \tag{3.13}$$

$G'(\omega)$ は貯蔵弾性率と呼ばれバネに相当し，$G''(\omega)$ は損失弾性率と呼ばれダッシュポットに相当する．Maxwell モデルの場合には角周波数 (ω) と緩和時間 (τ) を用いて，次式で表される．

$$G'(\omega) = \frac{G\omega^2\tau^2}{1+\omega^2\tau^2} \tag{3.14}$$

$$G''(\omega) = \frac{G\omega\tau}{1+\omega^2\tau^2} \tag{3.15}$$

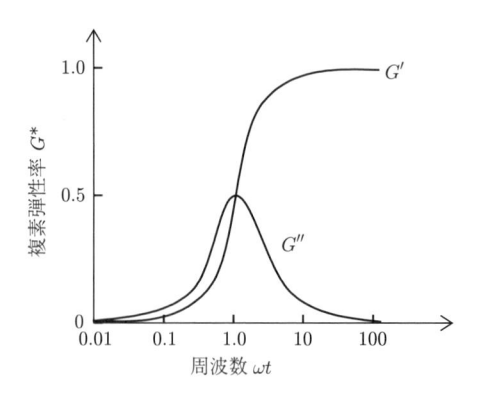

図 3.13 Maxwell モデルの動的挙動.

τ は粘性率と弾性率から式 (3.7) のように表される．ここで損失正接（損失係数）$\tan\delta$ は $G'(\omega)$ と $G''(\omega)$ を用いて，次式で表される．

$$\tan\delta = \frac{G''(\omega)}{G'(\omega)} \tag{3.16}$$

この損失正接は材料が変形する際に，その運動エネルギーを熱エネルギーとして吸収する割合を表す．式 (3.14) と式 (3.15) の理論曲線を図 **3.13** に示す．$G'(\omega)$ に着目すると，周波数が増えるすなわち速く運動するほど弾性成分の動きが支配的になることがわかる．また，$G''(\omega)$ に着目すると，粘性成分は $\omega\tau = 1$ で極大値となり，ピークを示すことがわかる．ピークを超えた速度で運動を与えると，粘性成分は追随できなくなるため，$G''(\omega)$ は低くなる．

周波数と温度の関係を考える．周波数が大きいと粘性成分（ダッシュポット）が追随できないことは，前述のとおりである．ここで周波数を大きいまま温度を上げるとどのようになるであろう．温度を上げるとダッシュポットが動きやすくなるため，ダッシュポットは周波数が大きい動きに追随できるようになる．ダッシュポットが追随できるということは，温度を上げる前として考えると周波数が小さいときの動きを観察していることに等しくなる．よって，温度が高い動きを観察するということは，周波数が小さい動きを観察するということと同義になる．

図 **3.14** に温度・周波数・速度に対する貯蔵弾性率と $\tan\delta$ の模式図を示す．貯蔵弾性率の低下および $\tan\delta$ のピークが現れるのは，高分子の運動と関係がある．これより動的粘弾性を測定することでガラス転移点のような熱特性を知

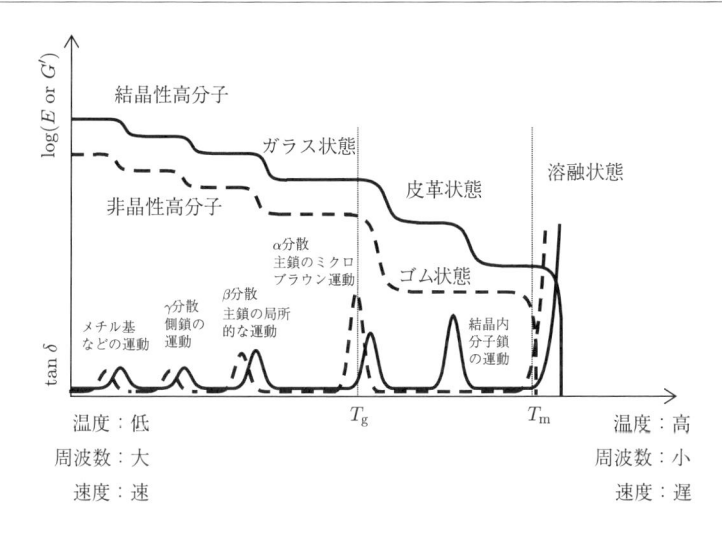

図 3.14 温度・周波数・速度に対する貯蔵弾性率と $\tan\delta$ の模式図.

ることができることがわかる．ただし，動的粘弾性では成形物全体の変化の平均であるため，部分的に取り出して測定する DSC とは，ガラス転移温度が異なることが多い．

(3) 温度—時間換算則

通常，粘弾性測定装置でカバーできる周波数（あるいは時間）の範囲は 4 桁程度である．しかし，高分子の粘弾性の全容を知るために，より広い範囲で粘弾性を測定したいケースが多々ある．そこで，粘弾性における温度と時間の関係から，この問題を解決することができる．

図 3.15 は 130～200 °C の温度範囲で測定した，横軸に周波数の対数を取り，縦軸に G' の対数プロットした測定例である．180 °C での実験結果を軸に，各温度の実験結果を $\log a_\mathrm{T}$ だけ平行移動させることで，なめらかな黒丸の合成曲線を得ることができることがわかる．このようにして作成した黒丸の合成曲線をマスターカーブといい，測定できない範囲もしくは測定に時間がかかりすぎる領域を実時間で測定するために利用できる．この重ね合わせによる，温度と時間（周波数）の変換を温度—時間の重ね合わせと呼び，重ね合わせに使用した a_T を移動因子（シフトファクター）という．この換算則は非晶性高分子でガラス転移領域からゴム状態および流動状態にわたり成立する．

換算因子 a_T は高分子の種類によらず，T_g 付近を含めた広い温度領域（$T_\mathrm{g} <$

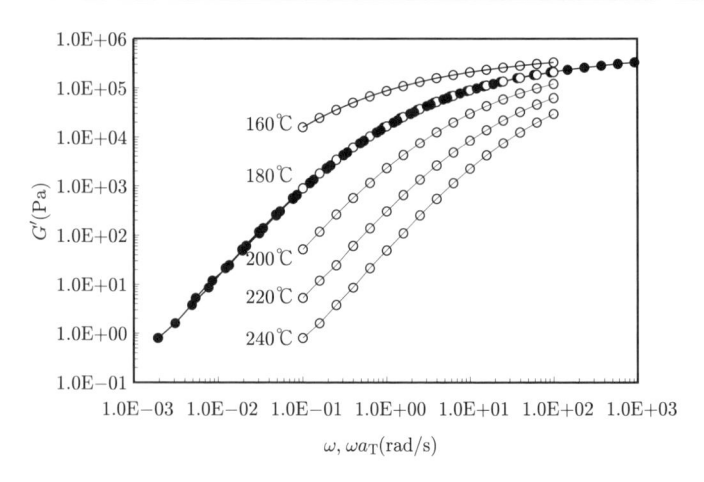

図 3.15 種々の温度における G'(○) とその合成曲線 (●) の一例.

$T < T_\mathrm{g} + 100\,^\circ\mathrm{C}$) にわたって Williams, Landel, Ferry によって提案された実験式（WLF 式）に従う．次に WLF 式を示す．

$$\log a_\mathrm{T} = -\frac{C_1(T - T_\mathrm{s})}{(C_2 + T - T_\mathrm{s})} \tag{3.17}$$

ここで，C_1 と C_2 はある定数であり，$(T - T_\mathrm{s})$ に対して $(T_\mathrm{s} - T)/(\log a_\mathrm{T})$ をプロットし，傾きから $(1/C_1)$ を，切片から (C_2/C_1) を，実験的に求めることができる．なお，WLF 式において，T_s に $T_\mathrm{g} + 50\,^\circ\mathrm{C}$ 高い温度を取ると，$C_1 = 8.86$，$C_2 = 101.6$ となることが知られている．

3.3 成形加工法

3.3.1 成形加工法の分類

バリア材料としては，金属，ガラスなどの無機材料と有機材料である高分子があげられるが，高分子は透明で軽くて強くて柔軟性があるなどの素材としての幅広い特性があり，多種多様な加工方法とあいまって，様々な分野でバリア材料としての利用が進んでいる．

高分子には，熱可塑性/熱硬化性，非晶性/結晶性などの分子組成，構造から生ずる幅広いバリア性能があり，さらに無機材料との組み合わせによってロー

バリアからハイバリアまでの広範なバリア性能を発現させることができる．また，有機合成された高分子は，粉体あるいはペレット(円筒，球)の形状で供給されるため，これに添加剤をブレンドすることによって，個々の用途に応じた性能を付与することができる．

高分子の成形加工法は，高分子の誕生と時を同じくして開発が進み約100年の歴史があるが，高分子利用の広がりとともにそれぞれの用途に適した加工方法が開発され，最終製品までの流れのなかで多岐にわたっている．

いろいろな角度から成形加工法を分類できるが，まず，原料を軟化させて固化するまでの成形の過程と成形品の形状から，次の(1)〜(4)に区分できる．

(1) 押出成形（パイプ，板，フィルムなどの長尺物）

熱可塑性高分子の成形に適している．高分子を軟化するための押出成形機は，通常，横倒しの円筒形の加熱シリンダーとスクリューからなり，溶融混練した高分子を一定回転速度のスクリューにより連続的に押し出す．溶融した高分子は，押出成形機の先端に取り付けたダイ（口金）を通して必要な断面をもつ製品に加工する．例えば，パイプの成形なら環状のスリットをもつ円筒ダイを使用し，板，シートの成形なら平行なスリットをもつTダイを使用する．

(2) 射出成形（三次元形状の個体）

射出成形機は押出成形機とほぼ同形の加熱シリンダーとスクリューからなるが，スクリューを前進させることによって，溶融高分子を成形機の先に設置した金型内に押し込む．スクリューの前進後退は油圧により駆動し，高分子の溶融混練と金型への押し込みをサイクリックに繰り返す．金型は通常二つに分かれていて，金型内に製品の形をした隙間があり，金型を閉じた状態で溶融した高分子を押し込み，冷却固化させてから金型を開いて製品を取り出す．三次元形状の個体の製造に適している．

(3) ブロー成形（ボトル型の容器）

押出成形機，あるいは射出成形機で管状の成形品（パリソン）を作り，軟化したままのパリソンをボトル形状の金型に入れてから，圧縮空気をパリソンの一端から内部に送り込み，パリソンを膨らませて金型の壁に密着させる．そして，冷却固化した後，製品を取り出す．ボトル型の容器の製造に適している．

(4) 圧縮成形

主に熱硬化性高分子の成形に利用され，射出成形と同様で，上下に分かれる金型を使用する．粉末の高分子を金型の隙間に入れて金型を合わせ，加熱しな

がら金型に圧力を加えていくと，溶融した高分子が隙間を満たして固まり，金型の隙間の形状に沿った形の製品ができる．

金型内に樹脂を送り込み，成形後に個々の製品を取り出すバッチ式である点で，(2)〜(4) は同じ形態といえる．

次に，二次元状の薄いシート，フィルムとする方法については，次の (5)〜(7) に区分できる．

(5) キャスティング法（溶液流延法）

高分子となる原料を各種の有機溶媒または水に溶解し，回転する平坦で均一な金属支持体上に流延してフィルムとする方法である．回転する金属支持体は，ベルト状とすることが多いが，径が大きいドラム状のロールであってもよい．製造設備に費用がかかり，一般に有機溶媒を用いるので，溶媒を回収する設備も必要となる．この方法で作られるフィルムは，厚みの均一性が良く，平坦性，光沢性も優れている．この方法は，融点が高く，融点と分解温度が近い高分子の成形に適しており，耐熱性フィルムなどの生産に採用されている．

(6) カレンダー法

カレンダー法は 2 本以上のロールの間で高分子を圧延してフィルムとする方法である．ロールを用いる方法は古くから金属やゴムを対象として利用されてきたが，戦後の日本では，軟質塩化ビニルフィルムが従来のゴム用カレンダーロールを転用して作られるようになった．軟質塩化ビニルフィルムの用途を分類すると，包装用，農業用，雑貨用となる．

(7) 延伸法

テンター法，インフレーション法，チューブラー法に分類できる．延伸法については，押出成形機を使用するため，次の押出成形の項で詳細に解説する．

さらに，フィルムの用途に合わせて性能を向上させるために，次の (8)〜(11) のような二次加工の方法がある．

(8) 表面処理

表面エネルギーの小さいフィルムでは，そのままではラミネート，コーティングなどの二次加工に際して接着力が不足する．その場合，二次加工に入る前にフィルムに表面処理をする方法がとられる．金属ドラムをポリエステル，ゴムなどで覆ったトリーターロールと高電圧発生器に接続した電極との間にフィルムを通過させて高電圧をかけ，フィルム表面に発生した放電コロナにより表面活性を向上させるコロナ放電処理が最も広く行われている．

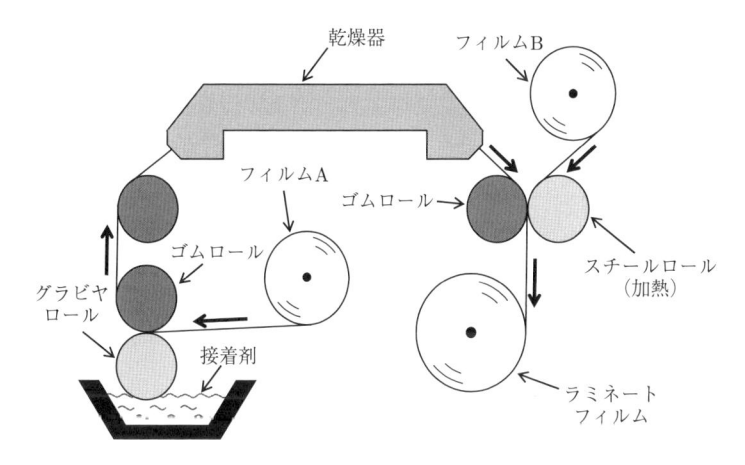

図 3.16 ドライラミネートプロセスの例.

(9) ラミネート加工

食品，薬品などの包装用フィルムの性能に対する要求が高度になってくるにつれて，ラミネート（積層）加工が伸長してきた．ラミネート加工は，主に次の3種に分類できる．

(i) 押出ラミネート

押出成形機のTダイのスリットから溶融高分子を押し出し，手前から送られたフィルム，紙，あるいはアルミ箔などの上に積層して冷却固化する方法で，ラミネート加工の主流をなしている．押出ラミネートに使われる高分子としてはポリエチレンが最も多い．

(ii) ドライラミネート

有機溶剤に溶かした接着剤などをフィルムに塗布し，溶媒を乾燥させた後，他のフィルム，紙，あるいはアルミ箔と圧着して積層する．図 3.16 に示すように，塗工液をグラビアロールなどのコーティングロールで汲み上げて転写し，熱風を吹き付けつて溶媒を乾燥させて，その後，加熱ロールで別のフィルム，紙，アルミ箔などと圧着して積層する．塗工液には有機溶剤に可溶なビニール系樹脂，セルロース系樹脂，エポキシ系樹脂，ゴム系樹脂などを配合する．

(iii) ウェットラミネート

コーティングロールで塗工した直後の湿った状態で積層し，その後乾燥する方法である．この方法では，乾燥の工程で塗工液の揮発量が多いため，積層す

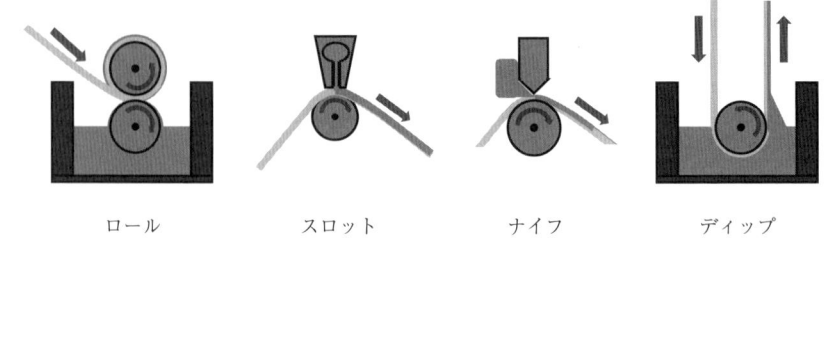

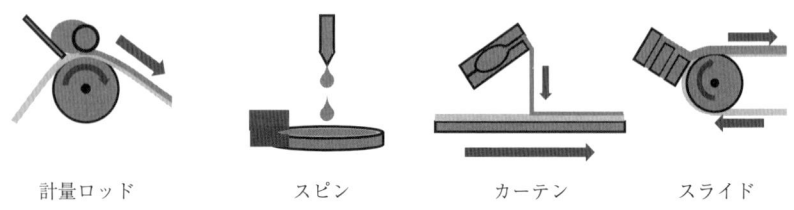

図中ラベル: ロール　スロット　ナイフ　ディップ　計量ロッド　スピン　カーテン　スライド

図 3.17 代表的なコーティング方法.

るフィルムの少なくとも一方が透過性の良い材料でなければならない.

(10) コーティング

　写真フィルム，磁気テープ，粘着テープなどでは基材となるフィルムのコーティング加工が極めて重要である．この表面コーティングでは，有機溶剤に溶解した溶液，あるいはエマルジョンなどが，いろいろな方法で塗工される.

　図3.17 にいくつかの例を示したが，塗工液をロールを介して塗布するロールコーティング方式，スリットノズルから押し出して塗布するダイコーティング方式 (図ではスロット，カーテン，スライド)，そして液滴あるいは糸を引いた状態の流体として円板上の基材に落下させ，基材を回転させて塗布するスピンコーティング方式に分類できる.

　いずれの方式においても厚みが均一な薄膜を形成するためには，塗工液の計量とその後の乾燥工程が重要となる．計量には，液を汲み上げて転写するロールの面形状，ダイスリットの間隙，塗工速度，塗工液の粘度などが工程制御のパラメータとなり，重力，遠心力が利用されて，せん断力，圧縮力がいろいろな形で塗工液と基材との接触面にかかる．また，表面張力も塗工液と基材面との界面形成に影響する．乾燥工程では，乾燥炉中の熱風の風速が主な工程制御

のパラメータとなるが，均一で平坦な薄膜とするためには穏やかな溶媒の除去が望ましく，乾燥炉の炉長は長くなる傾向にある．液体を塗工することから，"ウェットコーティング"と呼ばれる．

(11) 真空蒸着

高真空圧下で，アルミニウム，銅，亜鉛などの金属あるいは金属酸化物を加熱蒸発させ，気体（ガス）の状態としてから基板上に薄膜を形成する方法である．薄膜とする材料を分子レベルまで分解して，高速で基板に衝突させ，基板上で材料を再構成する．前述の液体を塗工する"ウェットコーティング"と対比して，"ドライコーティング"と呼ばれることがある．物理蒸着 (PVD: Physical Vapor Deposition) と化学蒸着 (CVD: Chemical Vapor Deposition) に大別できる．

PVD は，蒸発したガス分子の物理的な運動エネルギーにより基板上に薄膜を形成するもので，ガス分子をより高速の飛行速度として緻密な薄膜を堆積させるスパッタリング，イオンプレーティングの方法を含む．

CVD は，ガス分子の化学反応を利用する方法で，複数の分子を相互反応させたり，化学的な活性を上げてより緻密な薄膜を堆積させる．熱平衡反応とする熱 CVD ではガス圧が高く基板はやや高温となるが，非平衡反応である PECVD (Plasma Enhanced CVD) ではプラズマのガス圧が低く，基板温度は低く抑えられて，フィルムをベースとした薄膜形成に適している．

3.3.2 押出成形

押出成形は，熱可塑性高分子を棒やパイプ，あるいはシート・フィルムなどの長尺物の製品として連続的に製造する成形方法である．まず，高分子を溶融状態とするために押出成形機を使用する．押出成形機は，原料となる高分子のペレットをホッパーより投入し，加熱シリンダーとスクリューの間で溶融し，スクリューの定速回転により溶融物を連続的に押し出す．そして，押出成形機の先端に取り付けたダイ（口金）によって，断面が一定の形状とする．

(1) パイプ成形とシート成形 (T ダイ法)

図 3.18 にパイプ製造設備の概略を示す．押出成形機の先端には，環状のスリットをもつ円筒ダイを取り付け，冷却水槽，引取装置により冷却固化しながらパイプを引き取る．

図 3.19 にシート製造設備の概略を示す．押出成形機の先端には平行なスリッ

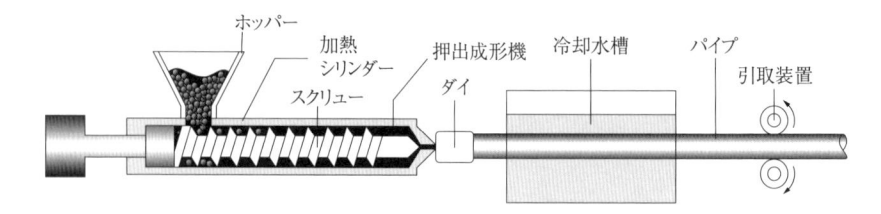

図 3.18 押出成形機と円筒ダイによるパイプ成形の例.

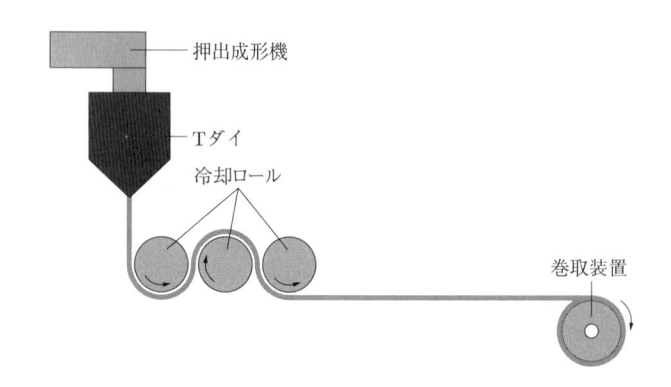

図 3.19 押出成形機と T ダイによるシート成形の例.

トをもつ T ダイを取り付ける．押出成形機からの溶融物は円形断面の棒状の流れであるが，これを二次元状に広がる溶融物の流れとするためにダイ内のマニホールドという部分を通過させる．マニホールドの形状としては，フィッシュテール，コートハンガー，ストレートなどいろいろあるが，おおむねアルファベットの"T"字に似ているので T ダイと呼ばれている．T ダイを出たシート状の溶融物は，通常，ロールにより冷却されたのち，巻き取られる．

製品市場の高度化する要求に対応するために，シートあるいはフィルムを積層化する方法がとられる．**図 3.20** にその例を示す．左側の例では，三種の溶融物をアダプターで合流させ，従来の単層ダイで流路を二次元状に広げる方式．右側の例では，ダイ内で溶融物の流路を広げた後に合流させる積層ダイの方式を示している．ダイの製作技術が向上するにつれて，積層ダイを用いた方式が主流となっている．

中間層にバリア性能が高い高分子，外層に強度が高く柔軟性のある高分子の3層構成とした食品包装用フィルムが応用例の一つとしてあげられる．

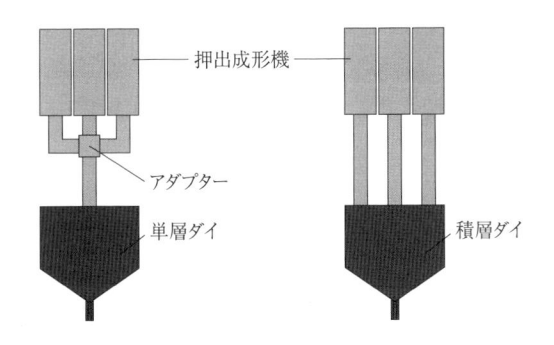

図 3.20 積層シート作成図.

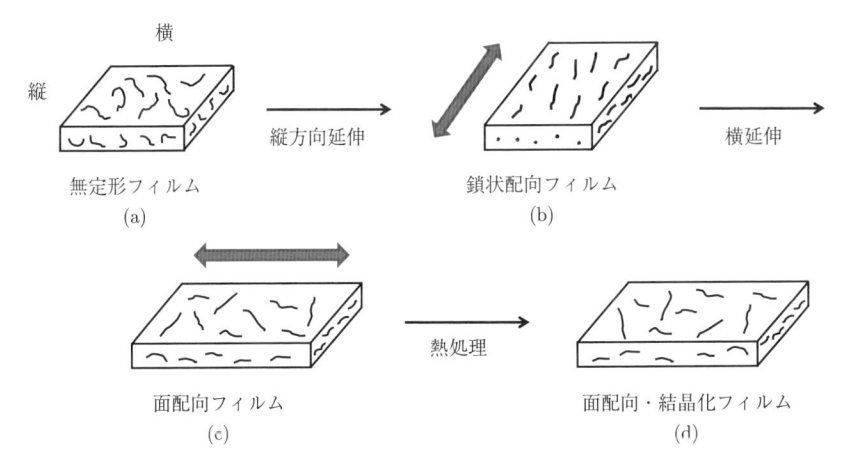

図 3.21 テンター法の概念図.

(2) テンター法

薄いフィルムを製造する方法として，押出成形機により作成したシートを二軸延伸 (Biaxial Orientation) するテンター法がある．テンター法はフラット法とも呼ばれ，逐次二軸延伸法と同時二軸延伸法とがある．**図3.21**にテンター法逐次二軸延伸フィルム製造設備の概略を示す．

Tダイから押し出された溶融状態の結晶性高分子を急冷して無定形状態のフィルムとし，これを回転速度が増加する加熱ロールによって縦延伸し，次に，テンター内を循環する多数のクリップでフィルムの端を把持しながら拡幅して横延伸をかけ，面配向フィルムを得る．そして，そのままの状態で熱処理をし

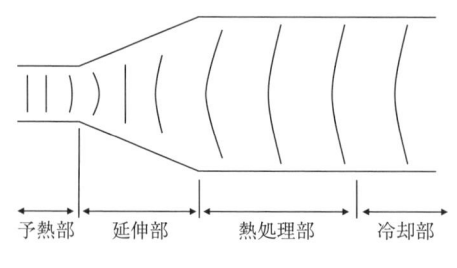

図 3.22 ボーイング現象.

て延伸した状態を固定する.クリップで把持していた部分は耳部として取り除いたのちに巻き取り,巻物として製品化する.

二軸に延伸して高分子の分子鎖を配向させ,熱処理により結晶化を促進することによって,薄くフレキシブルで剛性があり,寸法安定性の良いフィルムが得られる.

逐次二軸延伸法では,フィルムの屈折率,熱収縮率などの物性値に,フィルムの幅方向で分布があることが知られている.ボーイング現象と呼ばれているもので,**図3.22**に示すように,延伸前のフィルムに標線(直線)を引くと延伸後に弓状の曲線となることで確認されている.これは,延伸中のフィルムの張力バランスにより発生するもので,抑制する方法がいろいろと考案されているが,今のところ完全に抑制することはできていない.

この延伸フィルムに真空蒸着などの二次加工をする場合,高熱がかかってフィルムが収縮し,シワ,スリ傷などの原因となることがある.バリアフィルムの基材として延伸フィルムを利用する場合,熱収縮率との兼ね合いをみながら,ボーイングの抑制策が十分にとられた品種,あるいはボーイングによる異方性が少ない中央部分のスリット品を選ぶ必要がある.

同時二軸延伸フィルムの製造設備では,縦延伸ロールを使用する代わりに,クリップの移送方向の進行速度を次第に増加する機構によって,縦横同時の延伸をする(パンタグラフ方式).

テンター法では,ポリエチレンテレフタレート(PET)などの結晶性高分子のフィルムを高速で生産することができ,コストと性能のバランスが良いことから,バリアフィルムの基材として用いられることが多い.

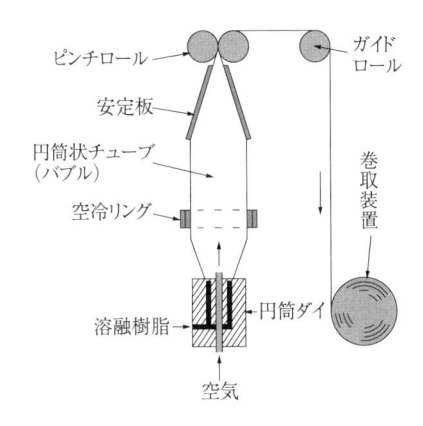

図 3.23 インフレーション法の概念図.

(3) インフレーション法

　薄い延伸フィルムを製造するもう一つの方法としてインフレーション法がある．押出成形機の先端には，Tダイの代わりに円筒ダイを取り付け，押し出された溶融状態のチューブに空気を送り込んで膨張させてフィルムを製造する方法である．フラット法に比べて縦長の設備となる．

　図 3.23 に概略を示す．通常，円筒ダイを上向きにして，膨らませたバブルを上方に移動させながら，空冷リングからの圧空で冷却し，安定板とピンチロールでバブルを絞り込んで，チューブ状のフィルムとして巻き取る．設備が比較的簡単で，耳部を取り除く必要がなく，安価な包装用フィルムの製造に適している．ポリエチレンフィルムの成形で多く用いられる．

　インフレーション法を発展させた方法としてチューブラー法がある．この方法では，通常，円筒ダイを下向きとして，溶融状態のチューブを冷却水槽に入れて急冷する．さらに，膨張させたバブルをいったんニップロールで絞り，再膨張させながら赤外線などで熱処理して結晶化を進め，分子配向を固定する．チューブラー法は，ポリ塩化ビニリデン，ナイロンなどの結晶性高分子のフィルム成形で採用されている．

　押出成形機を用いて長尺フィルムを製造し製品とする場合，フィルムを重ね合わせて巻き取るが，巻物としたフィルムが互いに密着して剥がれなくなることがある．これを防ぐために，無機物の細粒をフィラーとして混合しておき，フィルム表面に突起を形成して全面での密着をさける方法が一般的にとられて

いる．巻物として出荷されている基材フィルムの上にバリア薄膜を形成する場合は，フィラーによる突起の高さ，形状などに注意が必要となる．

また，基材フィルムと薄膜の厚み比は数百倍にもなるため，フィルム中には低分子量のオリゴマー，添加剤，水分などが大量に保持されていることになる．時間の経過とともにこれらがフィルム表面から漏出することにも注意が必要である．

3.3.3 射出成形

(1) 射出成形概要

射出成形は溶融した樹脂を金型内に射出注入し，冷却・固化させることによって成形品を得る方法である．複雑な形状の部品を効率よく作ることができプラスチック成形品の製造に一番多く使われている加工方法である．

射出成形における充填，保圧，冷却過程，およびこれに関係する射出圧力，保圧力，射出速度，金型温度などの成形条件は成形品の物性に大きく影響を与える．

図3.24に射出成形法の概要について示す．樹脂から成形品にいたる工程は，まず樹脂が成形機のホッパーに供給され，スクリュー回転により前方に送られながら加熱され融解していく．流動状態になった樹脂はスクリュー先端部に送られて，スクリューの後退とともにその部分に溶解した樹脂が溜まる（①型締め）．この状態において圧力が加わり，金型内へ流入してノズル，スプルー，ランナー，ゲートを通ってキャビティへ射出され充填される（②射出）．充填完了後も保圧力が加えられ（③保圧），その後ゲートより固化し，徐々にキャビティ内も固化していく．溶融プラスチックが金型内で冷却固化されている間に，射出装置では次の成形で使用される成形材料の可塑化が行われる（④冷却）．これは成形材料をスクリューによって混練させ，そのときに発生する熱や加熱シリンダーの外周に取り付けられているバンドヒーターなどにより可塑化して溶融する作業である．成形材料の可塑化と成形品の冷却が完了すると，射出装置が金型から切り離され，型開きを行う．型を完全に開き終わると押出装置によって成形品が押し出され，成形品を取り出す（⑤離型）．

(2) 射出成形機

射出成形機を大きく分類すると，横型と竪型とに分けられる．横型は，金型の取付け，樹脂の供給，成形品の自動落下，加熱シリンダーやノズルの手入れ

①型締め
金型(成形品部)を締める.

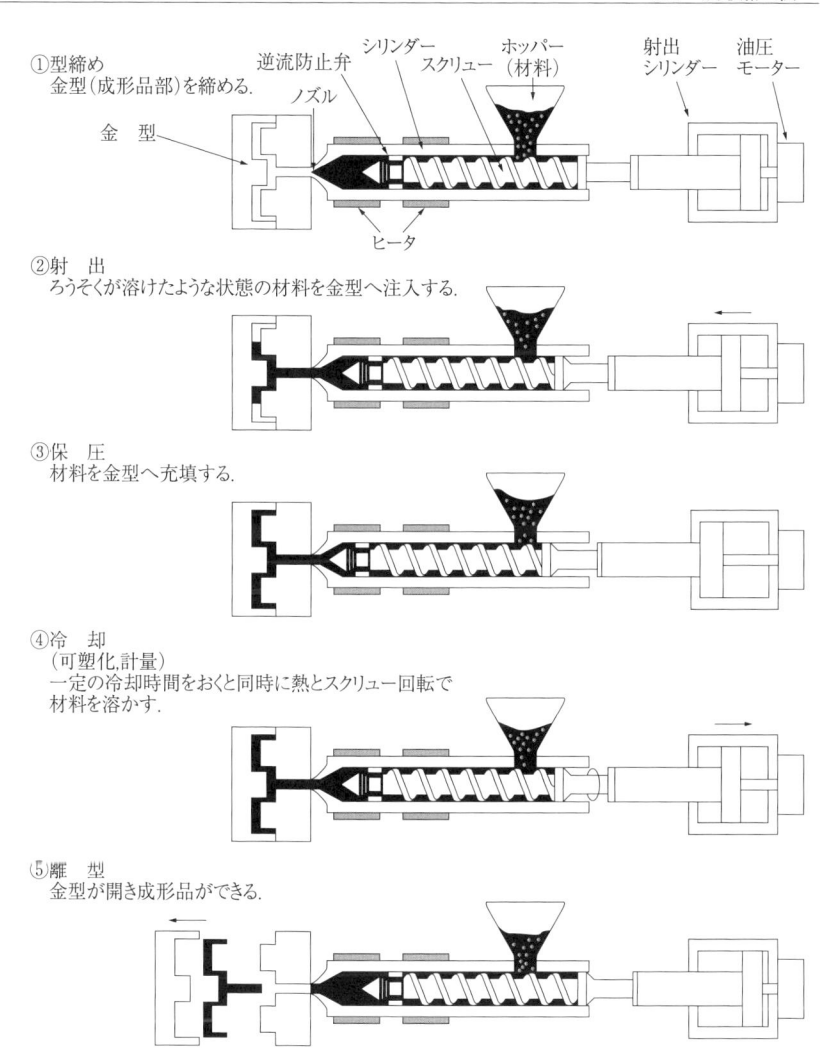

②射　出
ろうそくが溶けたような状態の材料を金型へ注入する.

③保　圧
材料を金型へ充填する.

④冷　却
（可塑化,計量）
一定の冷却時間をおくと同時に熱とスクリュー回転で
材料を溶かす.

⑤離　型
金型が開き成形品ができる.

図 3.24 射出成形法による加工手順の例.

等を行いやすいという利点をもつ．一方，竪型は，設置床面積が小さく，また，インサート成形が容易である等の特徴をもつ．

　射出成形機は，型締ユニットと射出ユニットによりなっている．型締ユニットは金型の開閉，突き出しを行い，油圧シリンダーや電動機などの動力源で発生した力をトグル機構で倍増してタイバを伸ばしてその反力を型締力として得

るトグル式と，油圧シリンダーで直接金型を開閉する直圧式とがある．射出ユニットは樹脂を加熱溶解させ，金型内へ射出する．スクリューを回転させ，ホッパーから投入した樹脂を，スクリュー前部へ留め，必要樹脂量に相当するストローク留めた後，射出する．樹脂が金型内を流動しているときは，スクリューの移動速度（射出速度）を制限し，樹脂が充填された後は保圧力で制御する．速度制御から圧力制御への切換えは，一定のスクリュー位置や一定の射出圧力に達したときに切換えるように設定する．

(3) 金型

金型は射出成形の中で重要なファクターであり，成形品の寸法，外観，物性に対し大きな影響を及ぼす．

金型とは材料樹脂をある決まった形状にするため，樹脂を射出注入する金属製の型である．幾つかの孔が空いており，温水や油，ヒーター等で温度管理されている．溶融した材料はスプルーから金型内に入り，ランナー・ゲートを経てキャビティ内に充填される．

金型は，成形時の高い圧力で高い精度を維持しなければならないため，高剛性かつ高精度の精密金型で，成形機本体より高価なこともある．金型はコア（雄型）とキャビティ（雌型）からなり，コアとキャビティの空隙に樹脂を射出し成形品を作る．

金型の設計は，目的とする製品の要求特性をより良く満足させるために行われるものであり，材料の実用物性，成形性，流動特性および金型設計上の条件を総合的に判断して行う必要がある．

3.3.4 ブロー成形

(1) ブロー成形概要

ブロー成形は，プラスチック成形品の内，中空の成形品を成形する最も代表的な方法である．チューブ状のパリソンや試験管状のプリフォームを予備成形し，適切な温度条件下で金型内に挿入し，パリソンあるいはプリフォームの中へ圧縮空気を吹き込むことにより金型形状までふくらませ，冷却固化した後排出する成形法である．

ブロー成形は，パリソン（プリフォーム）の熱履歴の状態によって二つに大別される．一つは樹脂を溶融状態で押し出し，あるいは射出してパリソン（プリフォーム）を形成し，冷却固化する前にブロー成形する方法である．基本工

金型

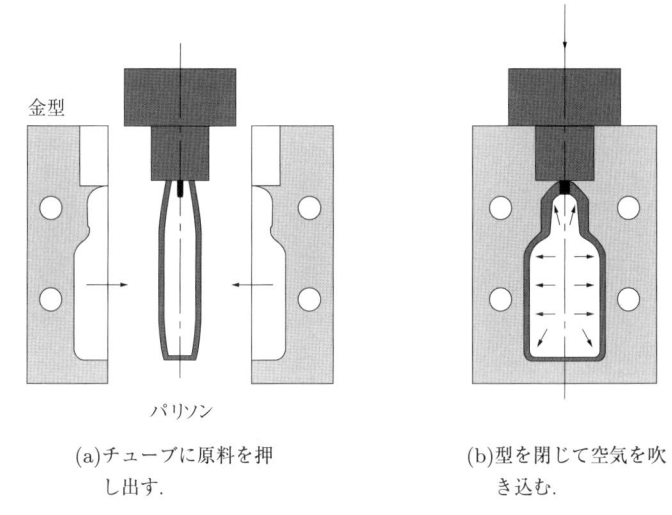

(a)チューブに原料を押し出す

パリソン

(b)型を閉じて空気を吹き込む.

図 3.25　押出ブロー成形法の概念図.

程としては，樹脂の加熱溶融→パリソンの成形→ブロー成形→冷却→排出である．この方法は一般的にダイレクトブローと呼ばれている．もう一つの方法は，あらかじめ成形したプリフォームを再加熱してブロー成形する方法で，パリソン（プリフォーム）の溶融成形→冷却→加熱→延伸→ブロー成形→排出である．この方法はプリフォームの延伸工程があり，延伸ブローと呼ばれる．

(2)　ダイレクトブロー

ダイレクトブロー成形はポリエチレン (PE)，ポリプロピレン (PP) などの結晶性プラスチックでは融点以上，ポリ塩化ビニル (PVC)，ポリスチレン (PS) などの非晶性プラスチックではガラス転移点以上のパリソンをブロー成形する方法である．

ダイレクトブロー成形は，溶融押し出したパリソンを冷却しないうちにブロー成形する押出ブローと，パリソン（プリフォーム）を射出成形により成形し，その後にブロー成形する射出ブローがある．

押出ブロー成形法の基本は図3.25に示すように，押出機から開いた金型の間にパリソンを押し出した後，金型で挟んでパリソンの下部をピンチオフするとともに融着させ，内部に空気を吹き込んで冷却後金型を開き，成形品を取り出す方法である．

射出ブロー成形は，射出によって試験管状の有底パリソンを成形し，半溶融状態にうちにコアとともに取り出してブロー金型で挟み，コアから圧縮空気を引き込んでブロー成形する方法である．射出ブロー成形は押出ブロー成形に比べ，プリフォームの肉厚コントロールが容易であり，偏肉の少ない精度の高い成形品が得られる．また，容器口部やネジ部の精度が高く，バリが出ないため後仕上の必要がない．底部にピンチオフがなく，強度的にも有利である．一方，金型が射出用，ブロー用と多く必要であり，高精度のものが要求されるため，コスト高となる．

(3) 延伸ブロー

延伸ブロー成形法は，ブロー成形時に延伸することにより高分子鎖を配向させ，透明性，強度，剛性，ガスバリア性などを向上させる成形法である．このような物性を向上させるには，延伸ブロー時，パリソンが融点以下，ガラス転移点以上の温度に保つことが必要である．

延伸ブロー成形は樹脂の種類によって成形方法が異なっており，逐次2軸延伸ブロー成形と同時2軸延伸ブロー成形がある．ポリエチレンテレフタレート(PET)やPPは逐次2軸延伸ブロー成形が一般に適用されている．ナイロンはアミド基が水素結合を形成しているために逐次2軸延伸が難しく，同時2軸延伸が適している．

(4) パリソン形状

ブロー成形されるまでのパリソンの熱履歴の違いにより，ホットパリソン法とコールドパリソン法がある．ホットパリソン法は，パリソンが冷却固化しない状態でブロー成形を行う方法である．一方，コールドパリソン法は，パリソンを一度室温まで冷却し，再度加熱後ブロー成形する方法で，延伸ブロー成形で多用される．

(5) 多層ブロー成形とガスバリア性

一般に，多層ブローとは，2種類あるいは3種類の特性の異なる材料を2層，3層，5層というように重ねて壁面を形成するものを指している．また，箇所によって材料の比率を変えたり，単なるブレンド樹脂として押し出し，パリソンのときは海・島の形からブローすることによって複合構造とするものもある．一般に多層ブロー用ダイに対する材料供給は，マンドレル（心棒）の壁面に沿う形で，必要な層数だけ別々の押出機で行われる．2種3層とか3種5層というような場合，同種の材料は同一の押出機で供給し，途中で分岐してそれぞれ

の層へ供給することも行われている．供給された材料は，マンドレルの平行な部分を通過しているときは別々の流路をたどり，絞りの段階で合流するのが一般である．

　ブロー成形容器は，多層化することにより単層では得られない性質が得られる．食品，飲料容器では特に酸素や炭酸ガスのバリア性向上のために多層化される場合が多い．

3.3.5　薄膜の形成

(1)　薄膜の形成方法

　バリア機能化の手段としてはこれまでの章で説明してきたように高分子材料そのもの，つまりバルク材料の改良の他に表面への薄膜の形成による改良もある．定義は多々あるが薄膜とは厚膜に対抗するもので本項では数十 nm から数 μm の厚さの膜のことを指す．したがって薄膜自身では自立できず必ずそれをフィルム，成形体のような支持できるバルク材料の上に形成される．このような薄膜の形成によりバルク材料だけでは到達し得ない高いバリア性を達成することが可能となる．

　図 3.26 に薄膜の形成方法の分類を示した [1]．薄膜の形成方法は真空環境下で行う気相法と大気環境下で行う液相法に大きく分けられる．バリア薄膜を形成する方法としては気相法がよく用いられる．これは真空環境下においては薄膜の出発材料が変質しにくく，かつ出発材料以外の物質（ガス分子など）との相互作用（化学反応，混合）を抑制でき，化学構造や緻密な形態が制御しやすいためである．その気相法はさらに物理堆積法 (Physical Vapor Deposition: PVD) と化学堆積法 (Chemical Vapor Deposition: CVD) とに分けられる．

　PVD は主に固体を出発材料としてそれを蒸気化し支持基板上に固体として堆積させる方法で蒸着法，スパッタリング法が一般的に知られている．蒸気化させる方法としては前者が出発材料の高温加熱であり，電熱線による坩堝の加熱または高いエネルギーを有する電子ビームやアーク放電ビームの照射がある．また後者ではイオン衝撃による出発材料（ターゲット）からの原子の叩き出しであり，直流や高周波バイアスの印加，イオンビームやレーザーの照射がある．蒸着法は高い真空度にて成膜できるため不純物の少ない薄膜，特に金属膜の形成には有利であるが昇華蒸発しない高融点材料の成膜は難しい．一方スパッタリング法はほとんどの材質を蒸発させることが可能だが，イオン化の過程で生

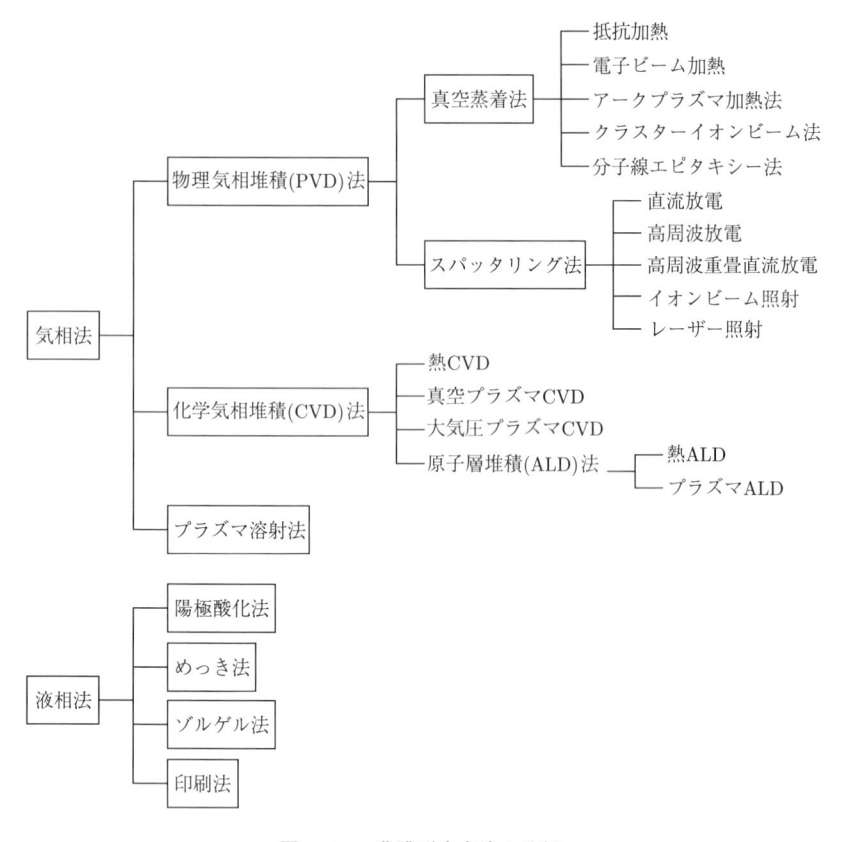

第 3 章　バリア材料の合成と成形加工

```
気相法 ─┬─ 物理気相堆積(PVD)法 ─┬─ 真空蒸着法 ─┬─ 抵抗加熱
        │                        │              ├─ 電子ビーム加熱
        │                        │              ├─ アークプラズマ加熱法
        │                        │              ├─ クラスターイオンビーム法
        │                        │              └─ 分子線エピタキシー法
        │                        │
        │                        └─ スパッタリング法 ─┬─ 直流放電
        │                                              ├─ 高周波放電
        │                                              ├─ 高周波重畳直流放電
        │                                              ├─ イオンビーム照射
        │                                              └─ レーザー照射
        │
        ├─ 化学気相堆積(CVD)法 ─┬─ 熱CVD
        │                        ├─ 真空プラズマCVD
        │                        ├─ 大気圧プラズマCVD
        │                        └─ 原子層堆積(ALD)法 ─┬─ 熱ALD
        │                                                └─ プラズマALD
        │
        └─ プラズマ溶射法

液相法 ─┬─ 陽極酸化法
        ├─ めっき法
        ├─ ゾルゲル法
        └─ 印刷法
```

図 3.26　薄膜形成方法の分類.

成される高エネルギー粒子が薄膜に照射され逆スパッタが生じ欠陥ができる場合がある．

　CVD はガスまたは液体を蒸気化させたガスを出発材料とし，気相中あるいは支持基板上の表面にて出発材料の分解と化学反応から薄膜を形成する方法である．分解や化学反応には基板や基板付近の加熱，プラズマ，光を利用する．また出発材料の分解・化学反応が主に支持基板表面にて進むプロセスを用いる原子層堆積法 (Atomic Layer Deposition: ALD) も CVD の一つとして知られている．CVD では出発材料のガスの組み合わせにより PVD では形成しにくい複合材料（多元系材料，ハイブリッド材料）を良質に形成できる．一方出発材料となるガス原料の種類が限定されるため PVD に比べると形成可能な膜材質は

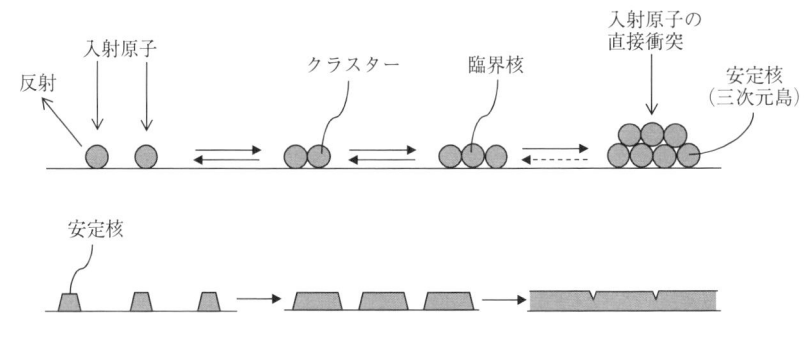

図 3.27 薄膜形成時の核成長プロセス.

少なく，かつ反応系が複雑になりやすいため構造制御が難しい．

　液相法では溶液中の溶媒を加熱により揮発させて固体を形成させる塗布法（印刷法）の他に液相中での化学反応を利用したメッキ法，原料溶液の気相中での加水分解反応を利用したゾルゲル法が知られている．特にゾルゲル法では出発材料の組み合わせにより化学構造や特性を制御できる．例えば金属アルコキシド溶液と高分子との組み合わせでバリア性を有する有機無機ハイブリッド薄膜が形成できることが報告されている．

(2) 薄膜の構造に起因した特性

　通常のバルク材とは異なり，気相法により形成した薄膜の構造は堆積プロセス，堆積条件に依存する．これは薄膜形成時の核成長プロセスに由来する**図3.27**にその概略図を示した．基板に蒸発源から入射した原子は一部反射し一部は吸着する．吸着原子は表面を移動しながら一部は再蒸発し一部は別の原子と表面上で次々と衝突を繰り返し複数個の結合体であるクラスターを形成する．このクラスターがさらに成長し臨界核を超えると安定核となる．安定核は拡大成長して核同士が合体し島を作りさらに島が合体し連続膜となる．これは核成長型（Volmer-Weber 型）という代表的な薄膜成長の型である．他には入射原子が基板原子と結合しそれが全面を覆う単原子層を形成し，そのあとも次々に原子層を形成していく単層成長型（Frank-von der Merve 型）や第 1‐2 層までは単層成長型でその後の基板入射原子が核成長型になる複合型（Stanski-Krastranov 型）があり，蒸発する原子や基板の材質の組み合わせによって変化する．核成長型では安定核が形成されると基板入射原子は核に直接入射しそのまま吸収され表面を移動する確率は小さくなる．特に基板の温度が

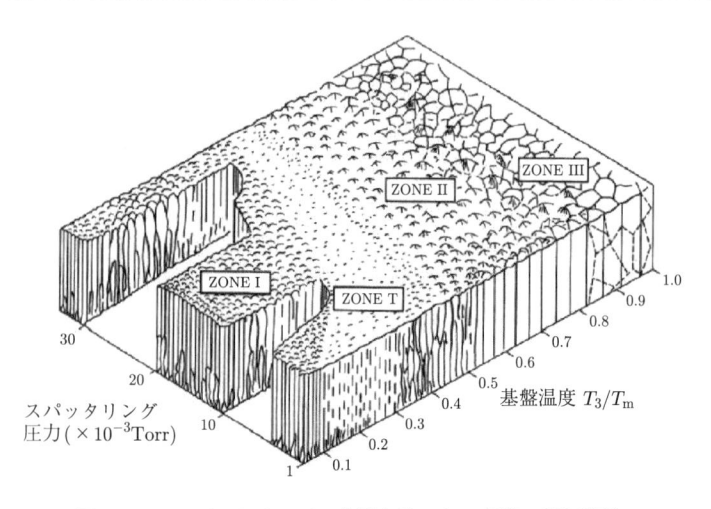

図 3.28 スパッタリングの成膜条件による薄膜の微細構造.
出典 J. Thornton: *J. Vac. Sci. Technol.*, **A4**, 3059 (1986).

低い場合または成膜中の圧力が高く基板入射原子が空間でガス分子と衝突する頻度が大きい場合には吸着原子の表面移動が少なくなる．逆に基板温度が高い場合，成膜中の圧力が低い場合，または基板上に運動エネルギーの高い粒子が入射する場合には吸着原子の表面移動が促進される．このような表面移動は後述する薄膜の構造を変化させる要因となっている．

図3.28 に基板温度と膜形成時の圧力の条件におけるスパッタリングによる薄膜の微細構造の変化について示した [5]．成膜中の基板温度（基板温度 T_s と膜物質融点 T_m との比）と圧力に対して膜の構造は ZONE-I, ZONE T, ZONE II, ZONE III の四つに区分される．

・ZONE I：$T_s/T_m < 0.3$．密度の低い空隙が多い柱状構造．
・ZONE II：$0.3 < T_s/T_m < 0.7$．ZONE I に比べ粒径が大きくかつ空隙が少ない柱状構造．
・ZONE III：$T_s/T_m > 0.7$．柱状構造ではなく緻密な等方性構造．T_s/T_m が 1 に近づくほど通常の固体（バルク）に近い状態となる
・ZONE T：$0.1 < T_s/T_m < 0.3$．ZONE I よりも低圧力帯で ZONE I の柱状構造よりも空隙の少ない細い緻密な柱状構造．ZONE I から ZONE II への遷移領域の位置づけとなる．

基板に入射原子が垂直方向に堆積して成長すると基板面に垂直な柱状構造を形成する．その過程の中で吸着原子の表面移動が少ないと入射した原子がそのまま安定核に吸着するような空隙の多い構造になりやすく，表面移動が多いと安定核の密度が高く粒径の大きい空隙が少ない構造になりやすい．表面運動エネルギーが大きくなるような条件，例えば基板温度が高い場合，成膜中の圧力が低い場合，さらには基板上に運動エネルギーの高い粒子が入射する場合では柱状構造ではなく均一な等方性（アモルファス）構造になりやすい．ガス透過の観点からは ZONE T のように緻密で粒径の小さい薄膜の方が良好であると言える．

参考文献

[1] 高分子学会（編）:「高分子データ・ハンドブック —基礎編—」（培風館，1986），p.525.
[2] K. O'Driscoll and R. A. Sanayei: *Macromolecules*, **24**, 4479 (1991).
[3] D.M. Mattox and V.H. Mattox (eds.): "50 years of Vacuum Coating Technology" (Society of Vacuum Coaters, 2007), p.21.
[4] 日本学術振興会薄膜第131委員会（編）:「薄膜ハンドブック第2版」（オーム社 2008），p.5.
[5] J. Thornton: *J. Vac. Sci. Technol.*, **A4**, 3059 (1986).

第4章　バリア材料の分析評価

4.1　分析評価法

4.1.1　分析評価法の分類

　バリア材料は，食品，飲料，医薬品，電子部品，燃料など，いろいろな用途の包装や容器として用いられる．内容物の変質や吸湿を防止することは重要であり，酸素，二酸化炭素，水蒸気などのバリア性が要求される．バリア性以外にも，引張強さや伸び，耐熱性，光学特性など各種物性が要求される．

　バリア材料はガラスや金属などの容器を代替する包装材料として用いられるが，バリア性の高い高分子材料を使用するだけでは，用途によっては十分なバリア性が得られない場合がある．バリア性を付与するためには，基板となる高分子フィルムの表面に無機膜や無機／有機多層膜などのバリア膜を形成したり，高分子中に無機系ナノ粒子を配合し分散させたりする必要がある．

　バリア材料の層構造や組成を調べたり，ナノ粒子の分散状態を観察したり，アウトガスの量を調べたりするために，様々な分析法が用いられる．バリア材料に関係すると思われるおもな物性試験 [1][2] と分析法 [3][4] を**表4.1**にまとめた．

　力学的測定としては，引張試験，曲げ試験，衝撃試験などがある．引張試験の特性値としては，引張弾性率，引張強さ，引張降伏応力，引張破断伸び（ひずみ）が用いられる．また，曲げ試験においては，曲げ弾性率，曲げ強さが用いられる．プラスチックの衝撃試験法としては，シャルピー衝撃試験，アイゾット衝撃試験，パンクチャー試験などが JIS で規格化されている．

　熱的測定としては，示差走査熱量測定 (DSC)，熱重量測定 (TG)，示差熱分析 (DTA)，熱機械分析 (TMA) が最もよく用いられている．DSC (Differential Scanning Calorimetry) は試料と基準物質の温度を一定のプログラムに従って変化させながら，両物質に加えた熱流の入力の差を温度の関数として測定す

第4章 バリア材料の分析評価

表 4.1 バリア材料の物性試験および分析法

分類1	分類2	試験法,分析法の例
物性試験	力学的測定	引張試験,曲げ試験,衝撃試験,引裂試験など
	熱的測定	DSC,TG-DTA,TMA,粘弾性など
	光学的測定	光線透過率,ヘイズ,光沢度,屈折率,色相など
	電気的測定	電気伝導率,誘電率,絶縁破壊電圧,静電気など
	透過度測定	酸素透過度,水蒸気透過度など
分析法	構造解析	NMR,IR,質量分析,X線回折,ラマン分光など
	形態観察	SEM,TEM,AFM,光学顕微鏡など
	表面分析	XPS,TOF-SIMS,オージェ電子分光など
	成分分析	ICP-発光,ICP-MS,GC-MSなど
	分子量分布	GPC(ゲル浸透クロマトグラフィ)など

る方法である.ガラス転移温度 (T_g),融解温度 (T_m),結晶化温度 (T_c),熱量 (ΔH),半等温結晶化時間 ($t_{1/2}$),比熱容量 (C_p) などを測定することができる.TG (Thermo Gravimetry) は,物質の温度を一定のプログラムによって変化させながら,その物質の質量を温度の関数として測定する方法である.一般に市販されている装置では,示差熱分析 (Differential Thermal Analysis: DTA) との複合型(TG-DTA同時測定装置)が普及している.TG-DTAにより,熱分解,酸化,脱水などの現象を調べることができる.線膨張率は熱機械分析 (Thermo Mechanical Analysis: TMA) により測定される場合が多い.平滑な試料の表面に石英の棒の先端を押し付け,昇温による試料の熱膨張を差動トランスにより検出し,線膨張率を測定する.

光学的測定としては,光線透過率,ヘイズ,光沢度,屈折率などが挙げられる.光学部品に用いられる材料では透明性に優れることが要求される.

電気的測定としては,電気伝導度,誘電率,絶縁破壊電圧,静電気などの測定が行われている.

電気の流れやすさは,材料の電気伝導度に比例する.高分子の場合,電気抵抗値として実用的には体積固有抵抗率 [$\Omega \cdot cm$] が,またそれに準ずるものとして表面抵抗率 [Ω] が用いられる.高分子は通常の場合,絶縁体なので電気を通さないが,電場の中に置かれると分極する.分極のしやすさを表すのが誘電率である.

このように材料の性能を表す物理量を調べるのが物性試験であり,その性能の発現するメカニズムや不良の要因解析を行うために各種分析法が用いられる.

分析法には，分子構造を決定する構造解析の他，形状の観察や寸法を測定する形態観察，表面の組成や状態を解析する表面分析，構成元素や不純物の種類や量を調べる成分分析などがある．

構造解析には，核磁気共鳴 (NMR)，赤外線分光 (IR)，質量分析 (MS) を組み合わせて行われる場合が多い．赤外分光 (Infrared Spectroscopy: IR) により，化合物がどのような官能基をもつかを推定することができる．また，質量分析により化合物の分子量を測定する．

バリア膜の厚みや層構成を調べるのに，走査型電子顕微鏡 (Scanning Electron Microscope: SEM) や透過型電子顕微鏡 (Transmission Electron Microscope: TEM) が用いられる．バリア性は表面の凹凸により大きな影響を受ける．表面の形状を測定するためには原子間力顕微鏡 (Atomic Force Microscope: AFM) などが用いられる．

バリア膜表面の組成を調べたり，化合物を構成する元素の状態を推定したりするのに，X線光電子分光 (X-ray Photoelectron Spectroscopy: XPS) がよく用いられている．飛行時間型二次イオン質量分析 (Time-of-Flight Secondary Ion Mass Spectrometry: TOF-SIMS) は，厚さ 1〜2 nm の薄い表面にある微量元素や有機成分の存在や分布を調べることができる．

金属元素の不純物分析には誘導結合プラズマ (ICP) 発光分析や誘導結合プラズマ質量分析 (ICP-MS) などが用いられる．また，揮発成分の分析にはガスクロマトグラフ—質量分析 (GC-MS) が用いられる．

高分子の分子量分布を測定するには，ゲル浸透クロマトグラフィ (Gel Permeation Chromatography: GPC) が最もよく用いられている．

4.1.2 力学的測定

(1) 引張試験

材料の機械的特性の評価として引張試験は基本的な試験である．ダンベル形，もしくは短冊形に作製された試料を試験片として用いる．その試験片を一定の環境条件のもと，ロードセルと呼ばれる引張試験機を用い，試料を主縦軸にそって一定速度で引っ張り，試験片が破壊に至るまで，または応力（荷重）もしくはひずみ（伸び）が規定値に達するまでの間の，試験片にかかる荷重と伸びを測定する．測定で得られた応力—ひずみ曲線から，引張強さ，引張弾性率，引張応力—ひずみ特性などの機械的特性を求めることができる．

一般的には板状の樹脂製試験片が対象であるが，厚みの薄いフィルムやシートの場合でも，試験片の形状や測定条件などに注意すれば，基本的に同様の手法で対応可能である．ここでは，厚さ1mm以下のプラスチックフィルムおよびシートの引張特性の試験方法としてJIS K7127 (IDTISO527-3)を参考にした内容を以下に記載する．

(i) 試験片

試験片はフィルムおよびシートの場合，10～20mm幅で長さは150mm以上が望ましく試験片中央部には50mm離れて平行な2本の標線をつける．

試験片は四つのタイプが規格化されており品質管理を迅速に行うのに適した形状や破断時の伸びが非常に大きい試料に適した形状や軟質，硬質に適した試験片が用意されている．

(ii) 引張試験機

推奨試験速度 (1～500mm/min) を保持できるものが対象であるが，フィルムおよびシートの場合，試験速度は通常 5, 50, 100, 200, 300, 500mm/min を使用する．

(iii) 異方性

フィルム材料はフィルム面の方向によって性質が変化するもの（異方性）があるが，この場合はフィルムの配向方向に平行およびこれに直角な2種類の試験片を準備する必要がある．

(iv) 機械的特性

図4.1に代表的な応力―ひずみ曲線を示す．また，**表4.2**に試験から得られるデータを用いて算出される各機械的特性の定義についてまとめて記載する．

(2) 衝撃強さ

プラスチックフィルムの衝撃強さの試験法として，JIS K7124-1, -2 (ISO7765-1,-2) に「プラスチックフィルム及びシート―自由落下のダート法による衝撃試験方法」があり，第一部（ステアケース法）と第二部（計装貫通法）で構成されている．ここでは，ステアケース法について概要を記載する．

この試験方法は，厚さ1mm以下のプラスチックフィルムおよびシートに対して適用され，規定された半球状の頭部をもつ質量が一定の弾頭質量（ダート）を用い，一定の高さからダートを自由落下させ，試験片（数）の50％が破壊されるダートの質量を求める方法である．

自由落下ダート衝撃試験装置の例を**図4.2**に示す．試験ダートは増加分銅を

図 4.1 代表的な応力—ひずみ曲線.

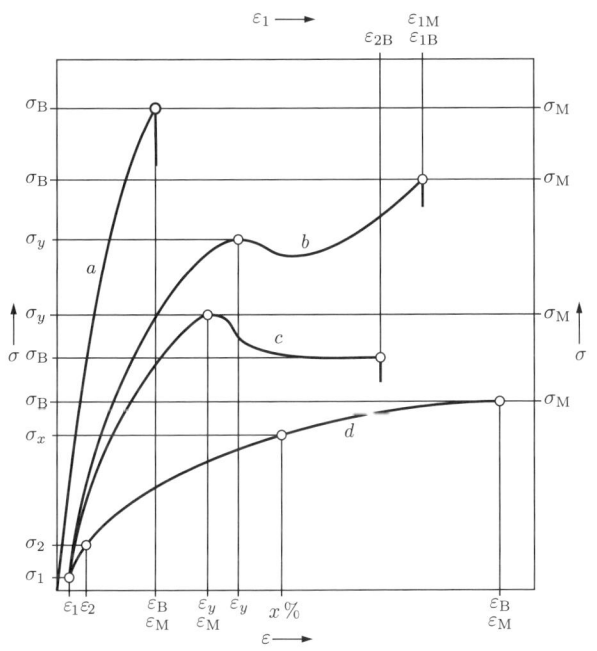

曲線 a：もろい材料
曲線 b, c：降伏点を示す，もろくない材料
曲線 d：降伏点を示さない，もろくない材料
引張弾性率 E_t の計算のための 2 点 $(\sigma_1, \varepsilon_1)$ および $(\sigma_2, \varepsilon_2)$ は，曲線 d だけに $(\varepsilon_1 = 0.0005, \varepsilon_2 = 0.0025)$ と示した．

取り付けることができる構造となっており，材質は滑らかな研磨アルミニウム，フェノール樹脂，研磨ステンレス鋼などが規定されている．落下の再現性を高めるためにダートの保持または離脱には電磁石を用いられる．落下試験時の試験片の滑りに注意する必要があり，滑りが生じていた場合はその結果は破棄する．試験片が破壊したか，しないかは表面からまたはバックライトに透かして貫通が見られたかで判断する．試験は破壊または非破壊が起こるまで弾頭質量を分銅により増加または減少させる．破壊した試験片の総数が 10 個になるまで試験を繰り返す．

なお，弾頭（ミサイル）の速度，衝突表面の直径，試験片の有効直径，試験片の厚さなどの条件が異なっている試験から得られたデータは直接比較することはできない．また，耐衝撃性は一部厚さに依存するものの，単純に厚さと相関関

表 4.2 用語の定義.

用語	定義
引張応力	試験中,応力をかける前の断面単位面積にかかる引張力 $\sigma = F/A$ σ: 引張応力 [MPa] F: 測定荷重 [N] A: 試験片の初めの断面積 [mm^2]
引張ひずみ	標線間距離の増加量を,初めの標線間距離で除した値 $\varepsilon = 100 \times \Delta L_0/L_0$ ε: 引張ひずみ(無次元の比または%) L_0: 試験片の標線間距離 [mm] ΔL_0: 試験片の標線間距離の増加 [mm]
引張呼びひずみ	つかみ具間距離の増加を初めのつかみ具間距離で除した値 $\varepsilon_t = 100 \times \Delta L/L$ ε_t: 引張呼びひずみ(無次元の比または%) L: 初めのつかみ具間距離 [mm] ΔL: つかみ具間距離の増加 [mm]
引張弾性率	2 点の規定されたひずみの値をもとに以下で算出する $E_t = (\sigma_2 - \sigma_1)/(\varepsilon_2 - \varepsilon_1)$ E_t: 引張弾性率 [MPa] σ_1: ひずみ $\varepsilon_1 = 0.0005$ において測定された引張応力 [MPa] σ_1: ひずみ $\varepsilon_1 = 0.0025$ において測定された引張応力 [MPa]
Poisson 比	互いに直交する軸のひずみの比 $\mu_n = \varepsilon_n/\varepsilon$ μ_n: Poisson 比　無次元の比 $n = b$(幅),または $n = h$(厚さ),選択した方向を示す ε: 縦ひずみ ε_n: 横ひずみ,$n = b$(幅)または $n = h$(厚さ)

係があるわけではないため,厚さの差が ±10% 以下の試料が比較対象となる.

(3) 屈曲試験および屈折試験

紙,フィルム,金属箔や,フレキシブルプリント配線板 (FCL, FPC) 等の耐折性を評価する試験で,目的に応じていくつかの方法が存在する.バリアフィルムのおいても,耐折性は重要な要素である.

フィルムを対象とした試験としては,ASTM F392-74(柔軟性バリア材料の曲げ耐性に関する標準試験法)がある.この方法は輸送中の振動により局所的

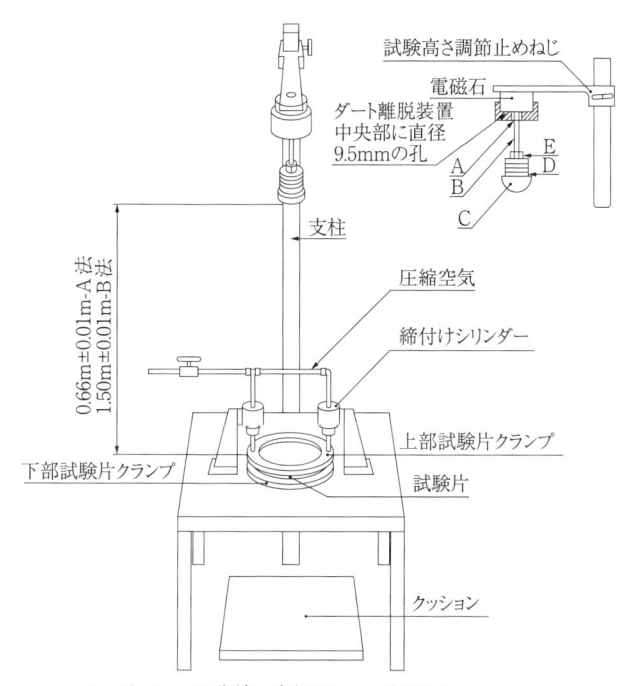

A：ダートシャフト先端：直径6.5mm, 長さ13.5mm
B：ダートシャフト：直径6.5mm, 長さ115mm以上, 底部長さ12.5mm
C：ダート:A法 直径38mm±1mm, B法 直径50mm±1mm
D：分銅
E：ねじを切った分銅止め

図 4.2　JIS K7124-1 による自由落下ダート衝撃試験装置例.

繰り返し屈曲に起因する疲労破壊を想定しており，フィルムの耐ピンホール性を評価する試験法である．縦180mm×横280mmのフィルム状試験片を筒状に成形した後，恒温恒湿条件のもと，筒の上下を試験機に保持させ，曲げを生じさせるために筒の上面を急速に旋回させ，360°Cを超える回転でこのシリンダー底面に向けて動かしロープの様にねじって圧縮する．次にもとに戻し，このサンプルが筒状へと戻るようにほどき真っすぐにさせることを繰り返す方法である．

なお，その他には対象試料範囲はフィルムではないが，フレキシブルプリント配線板試験方法 (JIS C5016) では，フレキシブル基板に対する屈曲，屈折試験，「紙及び板紙—耐折強さ試験方法」(JIS P8115) には，耐折強さを評価する試験法がある．

表 4.3 熱分析技法の分類（ICTAC の分類の抜粋）.

物理的性質	定義される技法（ ）内は略語
質量	熱重量測定*：Thermogravimetry (TG) 発生ガス分析*：Evolved Gas Analysis (EGA)
温度	示差熱分析*：Differential Thermal Analysis (DTA)
エンタルピー	示差走査熱量測定*：Differential Scanning Calorimetry (DSC)
寸法	熱膨張測定*：Thermodilatometry
力学特性	熱機械分析*：Thermomechanical Analysis (TMA) 動的熱機械測定*：Dynamic Thermomechanometry (DMA**)
音響特性	熱音測定：Thermoacoustimetry
光学特性	熱光学測定：Thermophotometry
電気特性	熱電気測定*：Thermoelectrometry (TSC**)
磁気特性	熱磁気測定：Thermomagnetmetry

*印は高分子分析に使われるもの，**印は慣用的な略語.

4.1.3 熱的測定

バリア材料の耐熱性とは材料を構成する素材そのものの耐熱性を示し，その材料の使用用途や環境に対して重要な性質である．材料の耐熱性を評価するためには，その材料が，温度上昇に伴い熱分解や組成変化などの化学構造の変化が関与する化学的耐熱性とガラス転移温度や熱変形温度，熱膨張や熱収縮などが関与する力学的耐熱性を考える必要があり，その評価方法として熱分析が有効である．

熱分析とは国際熱測定連合 (ICTAC: International Confederation for Thermal Analysis and Calorimetry) の定義によると"物質 (またはその反応生成物) の物理的性質をコントロールされた温度プログラムに従って，温度の関数として測定する一連の技法"とある．したがって，物理的性質により多数の熱分析技法が存在する．**表4.3** は ICTAC による熱分析技法の分類である．ここでは代表的な例として，熱重量測定，示差熱分析，示差走査熱量測定について述べる．

(1) 熱重量測定 (TG)

熱重量測定は，試料をある条件で加熱しながらその重量変化を連続的に測定するものである．得られる減量曲線から加熱による物質の安定性や反応性などの熱的性質を評価することができる．

試料容器には白金，アルミニウム，ステンレス，石英，アルミナなど様々な

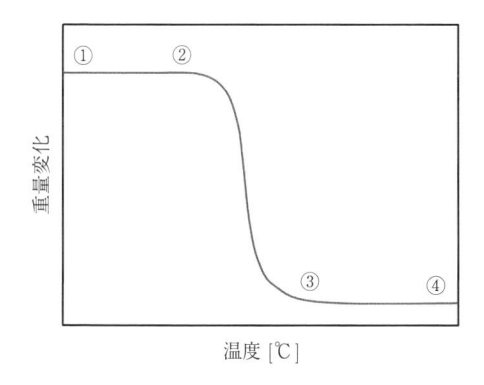

図 4.3 典型的な TG 曲線.

材質のものが用意されている．試料容器は測定条件下で安定であり，試料や分解生成物に対して不活性であることが求められるため，含有元素や測定条件に応じた容器を選択する必要がある．また試料形態や試料容器への詰め方にも注意が必要である．熱分解による発生ガスが試料と二次分解を起こし，TG 曲線が変化する可能性があることから，試料はなるべく容器に浅く広げできるだけ少ない量を使う方が良い．

昇温条件は試料性状や測定目的によって決めるが，その条件によって TG 曲線は大きく変化する．一般的には昇温速度が速くなれば分解温度が高くなる傾向があるため，発生ガス量が多い場合や，重量減少がある温度で急激に起こるような場合は，あまり速くしない方が良い．

また，測定雰囲気も重要な要素の一つである．流通ガスが窒素等，不活性ガスであれば，試料は熱分解して重量が減少するのみであるが，空気などの酸素存在雰囲気であれば，熱酸化反応が起きて，酸化増量が観測される場合もあるため，目的に応じた雰囲気制御も重要である．

図 4.3 に典型的な TG 曲線の例を示す．一定の速度で加熱していくと，①〜②では，重量変化は見られず，②をすぎると重量減少が始まり，③に至って減量が完了し，この時点で試料は別の物質に変化しており，その生成化合物は③〜④では，安定で重量変化をしていない．

このように熱重量測定は加熱時の物質の反応性を検討することには有効であるが，熱分解時に発生するガスや分解後の残留物の情報を知ることができないため，物質の反応についての詳細を解析するには，他の分析方法と組み合わせ

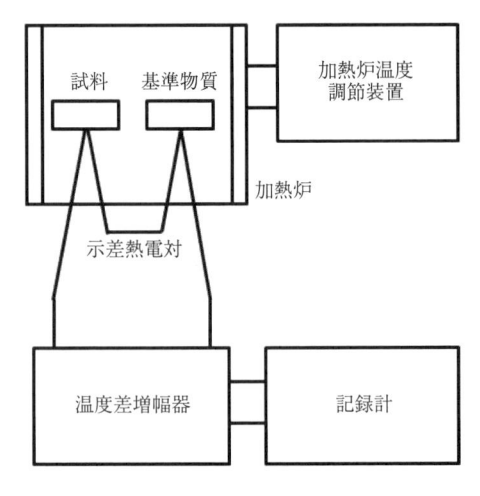

図 4.4 DTA 装置概念図.

て評価する必要がある.

(2) 示差熱分析 (DTA)

試料と熱的に安定な基準物質を炉内に対称的に置き温度をプログラムに従って変化させながら試料と基準物質の温度差を温度の関数として測定する方法である.装置の概要図を図 4.4 に示す.

測定によって得られた基準物質と試料との温度差を温度に対して記録した曲線は,試料内に起こる熱的変化を示し,例えば一次転移,融解反応ではピーク状の形状となり,比熱容量だけが変化する二次転移では階段状の変化となる.

なお,基準物質には α-アルミナなど熱に不活性な物質を用いることが多い.

典型的な DTA 曲線の例を図 4.5 に示す.①〜②では試料は基準物質と同じ温度で推移し,②をすぎると吸熱変化が起こり,試料は基準物質より低い温度になっている.②〜③の吸熱変化が終了した後,温度差がなくなり,さらに加熱を続けると発熱反応が始まり④〜⑤では試料の温度は基準物質より高くなっている.

DTA 測定の注意点としては,前述の TG 測定と同様に,試料との反応性に気を付け試料容器を選択する必要があるほか,DTA 曲線に影響を与える因子として試料の量,熱伝導度,比熱,粒径,充填度,および炉の雰囲気,昇温速度などがあるため,十分に注意する必要がある.

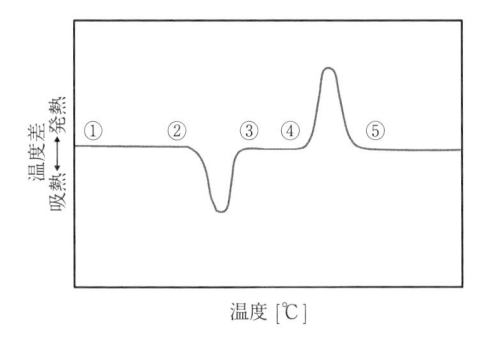

図 4.5　典型的な DTA 曲線.

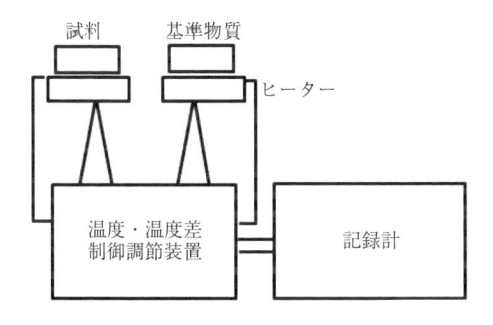

図 4.6　DSC 装置概念図.

(3)　示差走査熱量測定 (DSC)

示差走査熱量測定は示差熱分析を改良したもので，主に 2 種類のタイプがあり，試料と基準物質の温度差がゼロになるように，両者に加えた単位時間あたりの熱エネルギーの入力差を測定する入力補償型と，試料と基準物質の温度差が単位時間あたりの熱エネルギーの入力差に比例するように設計された装置において，試料と基準物質の温度差を測定する熱流束型がある．

図 4.6 に DSC 装置の構成について概要を示す．例えば入力補償型の場合，試料と基準物質を別々に加熱するマイクロヒーターを用いて，二つの温度差が常に零になるようにマイクロヒーターへの供給電力量を温度差の代わりに測定し，DSC 曲線を得る．得られる曲線は基本的に DTA と同様の曲線が得られ，試料の変化が起こる温度を知るだけでなく，出入りした熱量の定量的測定が可能である．

153

DSC は DTA に比べて再現性，分解能の点で優れているほか，DSC のピーク面積は発熱量（または吸熱量）に比例しており，次式に従って反応熱の定量をすることができる．

$$M \cdot \Delta H = KA \tag{4.1}$$

ここで，M は試料の質量，ΔH は試料の単位質量あたりのエネルギー変化量，K は装置定数，A はピーク面積である．この式に従って，まず ΔH が既知の試料のピーク面積を測定して装置定数 K を決め，次に未知試料のピーク面積を DSC 測定から求め，式 (4.1) に代入すれば ΔH が求めることができる．

4.1.4 光学的測定

分光光度計で測定できる薄膜の光線透過率・反射率から屈折率 (refractive index)，消衰係数 (extinction coefficient) のような光学定数および膜厚の算出方法について述べる．

(1) 光学膜厚と位相差

光の速度 v は媒質によって異なるが，振動数 ν は変わらない．真空中および媒質中の屈折率，波長，速さをそれぞれ $n_0 (= 1.0)$, λ_0, c および n, λ, v とすると

$$\frac{n}{n_0} = \frac{c}{v} = \frac{\lambda_0 \nu}{\lambda \nu} = \frac{\lambda_0}{\lambda} \tag{4.2}$$

となり屈折率 n の媒質中の波長は真空中の波長の $1/n$ になる．したがって屈折率 n の媒質中の距離 d の中に含まれる波の数は

$$\frac{d}{\lambda} = \frac{nd}{\lambda_0} \tag{4.3}$$

となり，距離 nd の中に含まれる波長 λ_0 の波の数に等しい．この屈折率 n の媒質を透明薄膜，d を物理膜厚とすると距離 nd を光学膜厚という．波長 λ_0 の光が物理膜厚 d の薄膜を通過すると，雰囲気を真空中とした場合の波の位相差 δ が生じ，

$$\delta = \left(\frac{2\pi}{\lambda}\right) d = \left(\frac{2\pi}{\lambda_0}\right) nd \tag{4.4}$$

その位相差は（真空中の波の数）×（薄膜の光学膜厚）となる．このように薄膜の光学的性質は薄膜に入射する波長 λ_0 と光学膜厚 nd によって特徴づけられることがわかる．

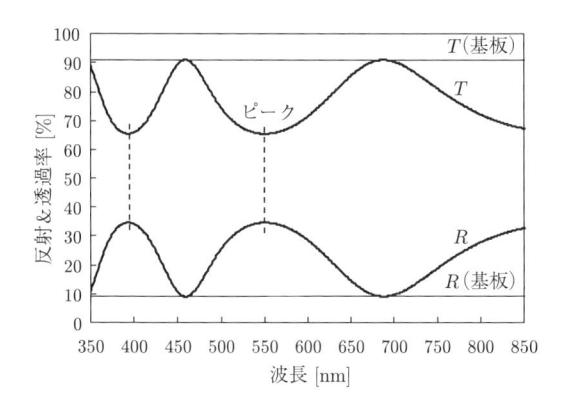

図 4.7 透明薄膜の反射・透過スペクトル．

(2) 分光特性

透明な基板に透明な薄膜を光学膜厚 $nd = q \cdot \lambda_0/4$（$q = 1, 3, 5, \cdots$ の奇数）だけ形成しての分光反射率および透過率のスペクトルを測定すると**図4.7**のようにいくつかの波長でピークが見られる．q は膜厚 $nd = \lambda_0/4$（quarter wave optical thickness，通常"4分のラムダ"と呼ばれる）のときを1とする変数であり，光学膜厚が $q \cdot \lambda_0/4$ のとき反射率，透過率が波長 λ_0 にて極値（ピーク）を示す．なお図4.7のスペクトルの谷を繋ぐスペクトルは基板の反射率，透過率である．このピークでの反射率，透過率から屈折率 n，消衰係数 k を算出できる．ピークは $\lambda_{-2k} = q/(q-2k)\lambda_0$ から $\lambda_{+2k} = q/(q+2k)\lambda_0$ の各波長（k は整数，一般には $350 \sim 800\,\mathrm{nm}$ の可視光域に限る）において見られる．例えば図4.7では中心波長を $550\,\mathrm{nm}$ に設定した光学膜厚 $nd = 5 \times 550\,\mathrm{nm}/4$ であるため，$550\,\mathrm{nm}$ 以外に $\lambda_{+2} = (5/(5+2)) \cdot 550\,\mathrm{nm}/4 \fallingdotseq 393\,\mathrm{nm}$ にも一つ，図には見られないが $\lambda_{-2} = (5/(5-2)) \cdot 550\,\mathrm{nm}/4 \fallingdotseq 917\,\mathrm{nm}$ にもピークが存在する．光学膜厚が増加するとこのピークの数も増加することとなる．

(3) 分光特性からの光学定数算出

図4.8に透明基板に単層の透明薄膜への入射光に対する反射と透過の様子を示した．通常分光特性で測定される反射 R および透過 T は薄膜の反射 R_f，基板の反射 R_0，基板裏面からの反射 R_b，薄膜の透過 T_f，基板の透過 T_0 が多重繰り返し反射を含め複雑に関わっている．

薄膜に全く吸収がない場合，薄膜の反射率 R_f は基板の裏面反射を考慮しピー

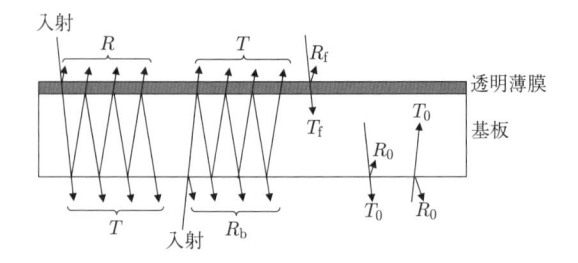

図 4.8 薄膜の透過と反射.

クの反射率 R と基板の反射率 R_0 から

$$R_{\mathrm{f}} = \frac{R - R_0}{1 - 2R_0 + R_0 R} \tag{4.5}$$

のように算出できる．これより薄膜の屈折率 n_{f} は R_{f} と基板の屈折率 n_{s} から

$$n_{\mathrm{f}} = \left(\frac{n_{\mathrm{s}}(1 \mp \sqrt{R_{\mathrm{f}}})}{n_{\mathrm{s}}(1 \pm \sqrt{R_{\mathrm{f}}})} \right)^{1/2} \tag{4.6}$$

のように算出できる．なお $n_{\mathrm{f}} < n_{\mathrm{s}}^{1/2}$：符号上，$n_{\mathrm{f}} > n_{\mathrm{s}}^{1/2}$：符号下となる．式 (4.6) の基板の屈折率 n_{s} は基板の裏面反射がないよう片面を艶消しの黒色スプレーするなどの処理をした後，測定した反射率 R_0 から，

$$n_{\mathrm{s}} = \frac{1 + \sqrt{R_0}}{1 - \sqrt{R_0}} \tag{4.7}$$

より算出する．

また薄膜に若干の吸収が存在する場合は基板裏面の反射率 R_{b} と透過率 T の項を追加し

$$R_{\mathrm{f}} = R - \frac{R_0 T^2}{1 - 2R_0 + R_0 R_{\mathrm{b}}} \tag{4.8}$$

$$T_{\mathrm{f}} = \frac{(1 - R_0)T}{1 - 2R_0 + R_0 R_{\mathrm{b}}} \tag{4.9}$$

から薄膜の屈折率 n_{f} は

$$n_{\mathrm{f}} = \left(\frac{n_{\mathrm{s}}^2 T_{\mathrm{f}} \mp n_{\mathrm{s}}(1 + \sqrt{R_{\mathrm{f}}})^2}{T_{\mathrm{f}} \pm n_{\mathrm{s}}(1 - \sqrt{R_{\mathrm{f}}})^2} \right)^{1/2} \tag{4.10}$$

から算出する．なお $n_{\mathrm{f}} < n_{\mathrm{s}}$：符号上，$n_{\mathrm{f}} > n_{\mathrm{s}}$：符号下となる．

消衰係数 k は薄膜の吸収を示す係数で Lambert-Beer 則から算出される吸収係数 α より $k = \alpha\lambda_0/4\pi$ で表される．k はピーク波長 λ，そのときの物理膜厚 d および n_f，n_s，R_f を用い

$$k_\mathrm{f} = \frac{\lambda}{4\pi d} \ln \frac{(1+n_\mathrm{f})(n_\mathrm{f}-n_\mathrm{s}) \mp (1-n_\mathrm{f})(n_\mathrm{f}-n_\mathrm{s})\sqrt{R_\mathrm{f}}}{(1-n_\mathrm{f})(n_\mathrm{f}-n_\mathrm{s}) \mp (1+n_\mathrm{f})(n_\mathrm{f}-n_\mathrm{s})\sqrt{R_\mathrm{f}}} \tag{4.11}$$

から算出する（符号は式 (4.10) と同様）．なお物理膜厚 d は図 4.7 で示した透過率や反射率の隣り合うピークの波長とそのときの屈折率を用い，

$$d = \frac{\lambda_1 \lambda_2}{2(\lambda_2 n_1 - \lambda_1 n_2)} \tag{4.12}$$

から算出する．

なお薄膜の屈折率が膜厚方向に不均一な場合，あるいは屈折率の波長分散（波長により屈折率が異なる）が大きい場合，ピーク波長が理論値よりずれることがあり注意が必要である．

4.1.5 電気的測定

バリア材料の基材に多く用いられている高分子材料の電気的性質は電気抵抗率（絶縁性，導電性），絶縁破壊・耐電圧，耐アーク性，誘電性，誘電正接，耐トラッキング性などがある．それらの測定方法について順に説明する．高分子材料の電気的測定は主に JIS K6911 に規定されている．

(1) 電気抵抗率（絶縁性・導電性）測定

物体に電位差 (V) で電流 (I) が流れるとき，$R(= V/I)$ を電気抵抗または単に抵抗という．一般にプラスチックの体積抵抗率は $10^8\,\Omega\cdot\mathrm{cm}$ 以上の電気抵抗をもつ絶縁体であるが，この値は物体の形状，電圧の与え方および環境などによって一定ではない．したがって，その実用的見地から絶縁抵抗・体積抵抗・表面抵抗の 3 種の抵抗が規格化して用いられている（JIS K6911）．絶縁抵抗とは，二つの電極間に印加した直流電圧を電極間に流れる全電流で除した数値で，試験片の体積抵抗および表面抵抗の両方が含まれる．この値を測定するのには，直流電圧 500 V で一定の試験片を用い，$20 \pm 2°\mathrm{C}$，$65 \pm 5\%\mathrm{RH}$ のもとで測定する（図 4.9）．体積抵抗とは二つの電極間に印加した直流電圧を，電極間に挟んだ試験片の単位体積を通る電流で除した数値をいう．体積抵抗および表面抵抗は円板状試験片を用い，図 4.10 に示すように導電性ゴムを圧着させ

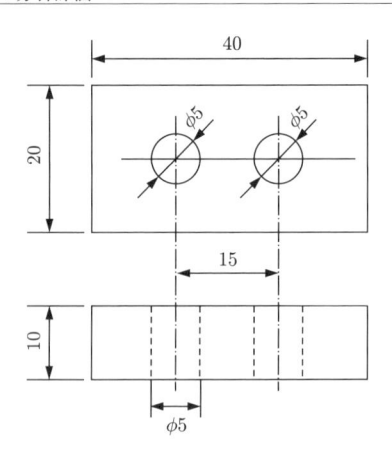

図 4.9 絶縁抵抗試験片.

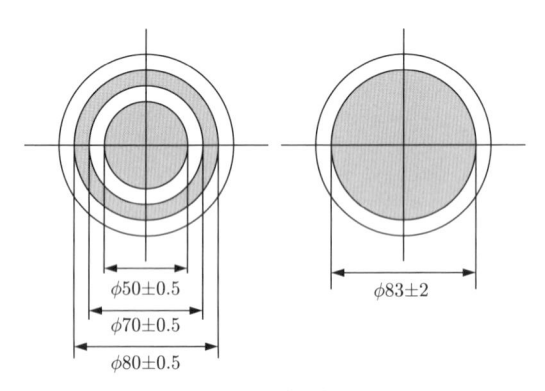

電極の接続方法
(a) 体積抵抗率試験　　(b) 表面抵抗率試験

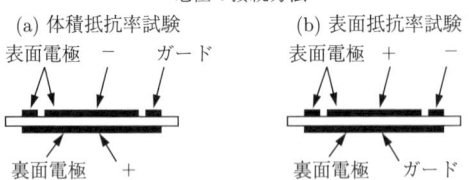

図 4.10 抵抗率試験法.

るか，導電性ペイントで描いた電極とし，体積抵抗の場合は (a)，表面抵抗の場合は (b) に示すようにそれぞれ接続して測定し式 (4.13) により体積抵抗率 ρ_v，表面抵抗率 ρ_s を算出する．

$$\rho_{\mathrm{v}} = \frac{\pi d_{\mathrm{o}}^2}{4l} \times R_{\mathrm{v}}$$
$$\rho_{\mathrm{s}} = \frac{l(d_{\mathrm{i}} + d_{\mathrm{o}})}{d_{\mathrm{i}} - d_{\mathrm{o}}} \times R_{\mathrm{s}} \tag{4.13}$$

ここで，d_{o} は表面電極内円の外径 [cm]，l は試験片厚さ [cm]，d_{i} は表面の環状電極の内径 [cm]，π は円周率，ρ_{v} は体積抵抗率 [M$\Omega \cdot$cm]，ρ_{s} は表面抵抗率 [MΩ]，R_{v} 体積抵抗 [MΩ]，R_{s} 表面抵抗 [MΩ] である．

なお，実用的数値として体積抵抗率 [$\Omega \cdot$cm] を用い，プラスチックは最低のフェノール樹脂の $10^{11}\,\Omega \cdot$cm から最高の四フッ化樹脂の $10^{18}\,\Omega \cdot$cm の範囲にあるが，吸湿，乾燥により絶縁抵抗が変化するものもあり，プラスチックに配合する安定剤，可塑剤などの添加剤の種類により抵抗値が変化する．表面抵抗とは，試験片表面の二つの電極間に印加した直流電圧を，表面層を通って流れる電流で除した数値をいう．

(2) 絶縁破壊・耐電圧測定

二つの電極の間に絶縁体を挟み，直接電圧を加え，次第に電圧を上げていくと，最初は微小電流が流れるだけであるが，電圧が非常に高くなると電流が急激に増加し，絶縁体の一部が溶けて穴が空いたり，炭化したりして破壊し，絶縁性がなくなってしまう．この現象を絶縁破壊といい，これが起こる電圧を絶縁破壊電圧と呼ぶ．

絶縁体がどの程度の電圧に耐えるかを絶縁力というが，これには絶縁破壊強さと耐電圧の 2 種類の表示方法がある．絶縁破壊強さは絶縁材料の単位厚さに対する破壊電圧の値で，試験に用いた材料の厚さに応じて，kV/mm の単位で示される．試験は一定形状の試験片を用いて図 4.11 のような電極配置で絶縁油中で行う．耐電圧は，絶縁材料がどの程度の電圧まで破壊しないかを保証する値（単位 kV）である．通常，商用周波数の電圧をゼロから一定速度で一定電圧まで上昇させ，その電圧に一分間耐えるかどうかをみる．

(3) 耐アーク性測定

絶縁破壊強度の高いプラスチックでも，高電圧で長時間使用していると，部分放電による劣化が生じる．この放電劣化の抵抗性を表すのが耐アーク性である．

耐アーク性試験は図 4.12 に示すように，2 本のタングステン電極を試験片の上に対向して置き，これに高電圧，微小電流のアーク（12500 V，10～40 mA）

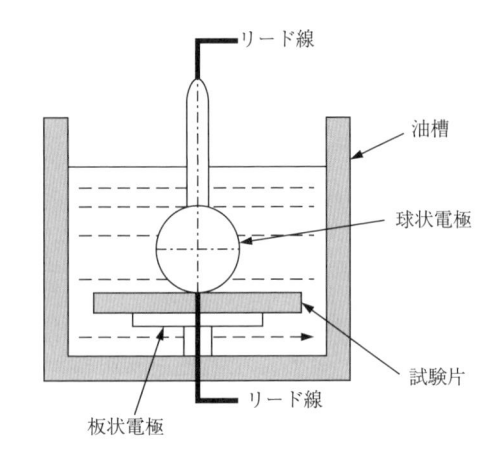

図 4.11　絶縁破壊強さ試験法.

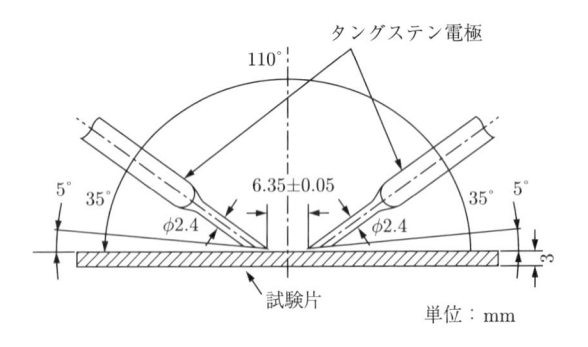

図 4.12　耐アーク試験法.

をとばして，試料表面が炭化して絶縁性がなくなる瞬間を測定する．耐アーク性の単位は sec で表す．

(4) 誘電性測定（誘電率，誘電正接）

　誘電体を 2 個の電極に挟んで直流電圧を加えると，正負電荷の変位や，双極子の配向分極により蓄えられる電荷は，真空の場合より増加する．単位電界において真空または誘電体の単位体積中に蓄えられるエネルギーの大きさを表す量を誘電，誘電体の誘電率と真空の誘電率の比を比誘電率という．通常この比誘電率のことを誘電率と呼び，これを ε で示す．無極性プラスチックでは，電子分極や原子分極のみが起こるため ε は小さいが有極性プラスチックでは，双極子モーメントが加算されるので ε は大きくなる．ここで，**図4.13** のような

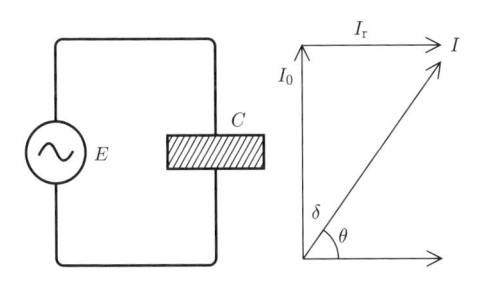

図 4.13 コンデンサ回路の電圧と電流との関係.

コンデンサ回路があり，これに交番電圧Eを加えたとする．もし，このコンデンサが理想的な性質をもつものとすると，電圧 E と電流 I_0 との位相差は $90°$ で電力損失は起こらないが，実際の誘電体内には，$90°$ から δ 角だけ遅れた電流 I が流れる．したがって電圧と同相の電流 I_r が存在することになり，$E \cdot I_r$ の電力損失が起こる．すなわち

$$\begin{aligned} W &= E \cdot I_r = E \cdot I \cos\theta \\ &= k \cdot E^2 \cdot f \cdot \varepsilon \cdot \tan\delta \end{aligned} \tag{4.14}$$

ここで，k は比例定数，E は印加電圧，f は周波数，ε は誘電率，δ は損失角（$\tan\delta$ は誘電正接），W は電力損失（誘電体損失）である．

周波数が高くなるほど，また電界強さが強くなるほど電力損失は大きくなり，これが熱となって誘電体の温度を上昇・絶縁性を低下させ，材料の劣化を促進する．W は E や f が一定の場合には，$\varepsilon \cdot \tan\delta$ に比例する．ところが，ε は普通のプラスチックでは 2〜8 程度であまり変わらないが，$\tan\delta$ の値は 2×10^{-4} 〜700×10^{-4} の範囲で大きく変化する．したがって，誘電体損失 W は主として $\tan\delta$ の大小に左右されることとなる．この $\tan\delta$ を誘電正接または誘電体力率と呼んでいる

誘電率，誘電正接試験は熱硬化性樹脂をはじめ各種の材料規格に規定されている．また，測定方法は周波数によってブリッジ法，共振法などがある．

4.1.6　構造観察

バリアフィルムの開発において構造観察は重要である．特に微小領域の観察は重要で，バリア性劣化要因となる異物の解析に良く用いられる．これらのバリアフィルム表面の微細な構造観察には，一般的に光学顕微鏡ではなく，電子

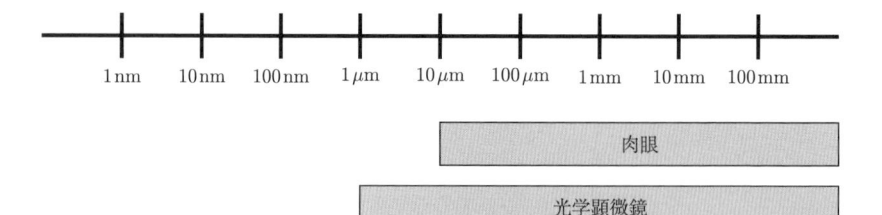

```
|----|----|----|----|----|----|----|----|----|
     1nm  10nm 100nm 1μm 10μm 100μm 1mm 10mm 100mm
```

| 肉眼 |
| 光学顕微鏡 |
| 電子顕微鏡・原子間力顕微鏡 |

図 4.14　電子顕微鏡・原子間力顕微鏡の分解能.

顕微鏡に分類される走査型電子顕微鏡 (SEM) と透過型電子顕微鏡 (TEM)，そして，原子間力顕微鏡 (AFM) が用いられる．図4.14 に各種観察手段の分解能（装置のもつ解像力）についてまとめたものを示す．肉眼では見えない小さい欠陥を拡大可視化できる顕微鏡の中で，光学顕微鏡の分解能は"可視光"の波長程度であり，可視光の波長（数百 nm）以下の対象物（1 μm 以下）の観察は不可能である．しかし，波長の短い"電子波"を用いれば，電子顕微鏡となり，分解能は増加する．一方，原子間力顕微鏡は小さな板バネ（カンチレバー）を試料表面に接触させてなぞった時に生じるカンチレバーのたわみ具合から数 nm 程度の表面の凹凸状態を検出することが可能となる．

(1)　走査型電子顕微鏡

　光学顕微鏡において光を"電子ビーム"に変え，ガラスを用いたレンズを"電子レンズ"に変えれば SEM となる．図4.15 に SEM 像の形成原理を示す．真空中で上部の電子源（電子銃）から照射された電子線を陽極が取り出し，電子レンズで収束させた後に，偏光器で電子線を試料上において一定方向にスキャンしていく．電子線が試料に照射されると，試料表面付近から照射された電子線よりもエネルギーの低い反射電子や二次電子が放出される．これらの電子を検出器で検出し，この検出信号を電子線走査と同期させたブラウン管に表示させてモニター上に SEM 像を得ることが可能となる．

　以上のように走査電子顕微鏡では，反射電子または二次電子の信号を用いて像を表示する．反射電子は測定対象を構成している原子に当たって跳ね返された電子で，反射電子の数は測定対象の組成（平均原子番号，結晶方位など）に依存する．したがって，反射電子像は，測定対象の組成分布を反映した像となる．一方，二次電子は測定対象の表面近くから発生する電子で，それを検出し

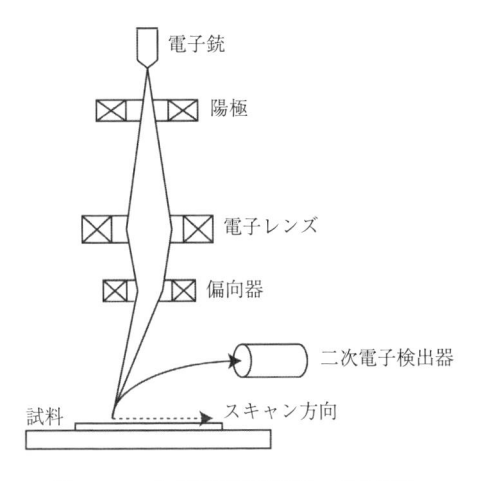

図 4.15　走査型電子顕微鏡の形成原理.

て得られた像（二次電子像）は測定対象の微細な凹凸を反映している.

電子線の反射を利用しているため，高分子フィルムのような非導電性（絶縁性）試料をそのまま SEM 観察した場合，電子線照射により試料が帯電するチャージアップの現象が起こる．これにより，表面電位が低下して二次電子を選択的に取り出すことが難しく，試料の表面情報とは無関係である顕著な帯電コントラスト（明るいコントラストや暗いコントラスト）を示すことがある．チャージアップを防止するために一般的に，非導電性試料表面にカーボン，Au，Au-Pd 合金などの導電性物質でコーティングした後で SEM 観察が行われる．

(2)　透過型電子顕微鏡

TEM も SEM と同様，電子をプローブとして用いている．TEM は図 4.16 に示すように真空中で測定対象に電子線をあてて，それを透過してきた電子を拡大して観察する電子顕微鏡である．試料により散乱/回折した電子が，対物レンズ後焦面に挿入した対物絞りでトラップされ "見かけの吸収" が生じることによる振幅コントラストによって得られる．この対物レンズによってつくられた実像が，中間レンズ，さらには投射レンズによって次々に拡大され，最終的に蛍光板上に像として映し出される．これを CCD カメラのようなディジタル画像記録技術によって，ディスプレイ上に図 4.17 に示すような TEM 像を表示させることが可能となる．

通常，この形態観察で使用される図 4.16(a) の結像モードでは中間レンズと

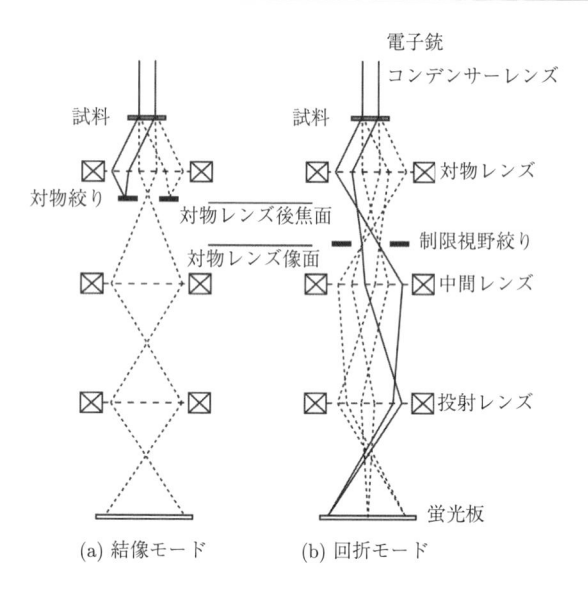

図 4.16 透過型電子顕微鏡における結像の原理.

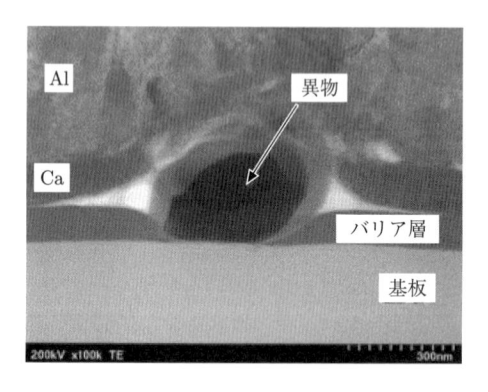

(a) 結像モード　　(b) 回折モード

図 4.17 ガスバリアフィルム中の異物観察例（TEM 像）.
（写真提供：住友ベークライト株式会社）

投射レンズの複合レンズ系の焦点は試料にあっている．一方，この焦点を対物レンズ後焦面にあわせることで試料から制限視野電子回折 (SAED) パターンが得られる図4.16(b) の回折モードとなる．結晶性試料の場合，この SAED パターンから結晶性の程度や微結晶の配向状態がわかる．

TEM の場合，電子線が試料を透かして観察するため，対象物をできるだけ薄

164

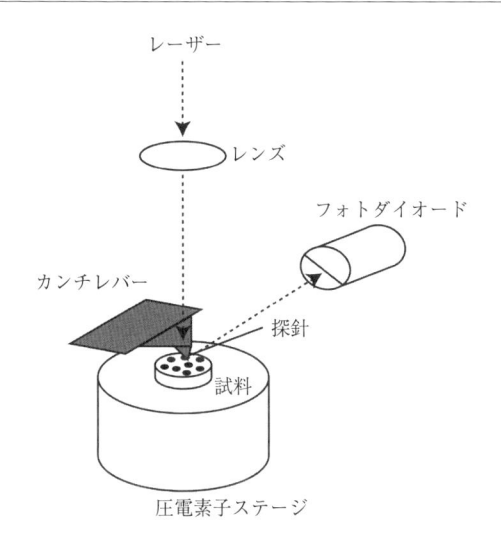

図 **4.18** 原子間力顕微鏡の基本構成.

く切ったり，電子を透過する薄膜に対象物を塗ったりして観測する必要がある．

(3) 原子間力顕微鏡

物質間の距離が 10 nm 程度に近づくと，van der Waals 力などの引力が作用し，それよりさらに近づくと原子間力の反発による斥力が作用する．つまり，探針を 10 nm 以内に近づけることによって，距離に依存した原子間力が作用する．AFM では，図 **4.18** に示すように，カンチレバーの末端に探針を取り付け，試料と探針との間に働く原子間力によるカンチレバーの変位が光てこ方式によって検出される．光てこ方式とは，カンチレバーのたわみをカンチレバー背面で反射されるレーザー光が光位置検出器（フォトダイオード検出器）に入る位置の変化として検出する方法である．試料は XY 方向（試料面内）および Z 方向（探針が動く方向）に伸縮する圧電素子のステージに取り付けられている．XYZ 方向の位置情報を検出できるため試料面の三次元計測が可能となる．

原子間力はあらゆる物質の間で作用しているため，導体，半導体，絶縁体の区別なく観察が可能である．また，観察する時の雰囲気も前述の SEM や TEM のように真空環境を必要としないため，大気中や液体中，または高温，低温など様々な環境での観察が可能である．分解能は探針の先端の大きさで決定される．

4.2 透過度測定

4.2.1 測定法の分類

透過量の主な測定方法の分類を図 4.19 にまとめる．ガスと蒸気を区別する必要のないときには，ペネトラントという用語が用いられるが，一般に流通していなくかつ読み難いのでガスと呼ぶ．蒸気に限定された内容には，蒸気という用語を用いて説明する．

測定方法は差圧法と等圧法の二つに大別される．それぞれ，フィルム等の測定試料を挟んで両面のガスの全圧が異なる場合と同じ場合である．一般に透過度は定常状態に至ってからの実験データを用いて算出する．

両法の原理に基づいて制定されている規格を表 4.4 に示す．図 4.19 で分類されている方法は，必ずしも表 4.4 の各種規格により認定されているものばかりではないが，学術分野を中心に，様々なガスに対して幅広く応用されている．

差圧法における測定試料を通してのガス透過の駆動力は圧力差（分圧差）である．測定試料の片面からガスを供給する．その反対側は常に供給したガスの圧力よりも低い圧力に保たれている．差圧法は圧力法と容積法の二つに分類できる．圧力法の内，透過側を真空にしている場合を特に，加圧真空法という．容積法は体積法や体積変化法と呼ばれる場合もある．

測定試料を透過したガスの量は，単位時間あたりに透過したガスの体積とし

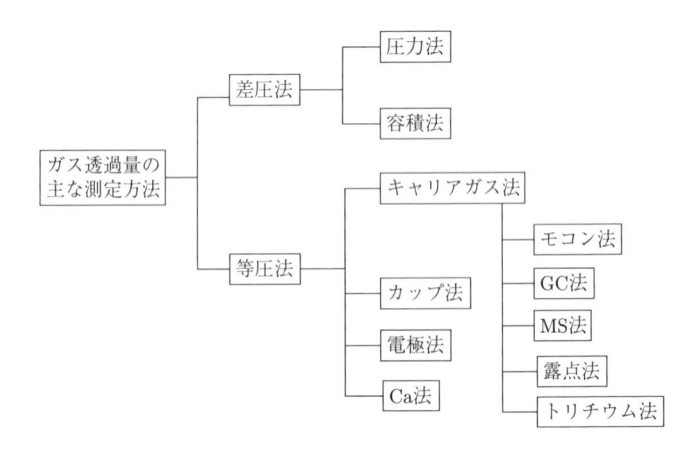

図 4.19 ガス透過量測定方法の分類．

4.2 透過度測定

表 4.4 ガス透過量測定方法の規格一覧.

透過物	差圧法—圧力法			等圧法		
	JIS	ASTM	ISO	JIS	ASTM	ISO
ガス	K7126-1 (K7126A) (Z1707)	D1434M D1434V*	15105-1 (2556)	K7126-2 (K7126B)	D3985	15105-2
水蒸気限定	K7129C		15106-4	K7129A K7129B Z0208	F1249 E96 F372	15106-1 15106-2 15106-3 2528

カッコ内は改正前の規格番号を表す．
*は容積法である．

てフローメータで測定できる（容積法）(ASTM D1434V)．また別な方法として，透過側の容積を密封しておき，ガスの透過に伴うこの容積内の圧力増加を圧力センサで読み取り，この際の単位時間あたりの圧力増加を透過量に変換する方法（圧力法）も広く利用されている（ISO15105-1, ISO 2556, ASTM D1434M, JIS K7126-1 附属書 1, JIS Z1707）．規格の主流は圧力法である．混合ガスの測定では，透過したガス成分の同定にガスクロマトグラフ (GC)（JIS K7126-1 附属書 2, JIS K7129 C, ISO15106-4）や質量分析器 (MS) が用いられている．

等圧法では測定試料の両面のガスの全圧は同じである．そのため，測定試料を通してのガスの透過の駆動力として，ガス濃度差（分圧差）を利用する．測定試料の片面からガスを供給して，その反対側にはキャリアガスを流しておく．そして透過したガスの量は，酸素電解センサ（クーロメトリック）(ISO15105-2, ASTM D3985, JIS K7126-2 附属書 A)，ガスクロマトグラフ (GC)（JIS K7126-2 附属書 B），水蒸気赤外センサ（ASTM F1249, ASTM F372, JIS K7129 B 法, ISO15106-2），感湿センサ（JIS K7129 A 法, ISO15106-1）や五酸化二リンセンサ (ISO15106-3)，ガスクロマトグラフ質量分析器 GC-MS や大気圧イオン化質量分析器 API-MS, 四重極質量分析器等のセンサ，露点計等を用いて検出する（キャリアガス法）．クーロメトリック法，水蒸気赤外センサ法と五酸化二リンセンサ法は，米国 Mocon（モコン）社の透過量測定装置の測定原理であることから，この方式の等圧法を，特に"Mocon 法"と呼ぶ場合もある．また，キャリアガスを用いるが純水の水蒸気の代わりにトリチウムをトレーサーとして用いるトリチウム法もある．一般的に，キャリアガス法とひとくくりせ

ずに，代表的な検出器の名前で呼ばれる場合が多い．

　水蒸気透過度測定の原点はカップ法（JIS Z0208, ASTM E96, ISO2528）である．カップに無水塩化カルシウムを入れ，測定するフィルムでカップに封をする．フィルムを透過した水蒸気をカップ内の塩化カルシウムが吸湿する．この際の塩化カルシウムの質量増加から水蒸気透過量を決定する方法である．これをドライカップ法という．あらかじめ水をカップに入れフィルムでカップに封をした後，透湿による水の質量減少を測定する方法もある．これはウェットカップ法と呼ばれている．水の代わりに溶媒を入れるとその蒸気の透過度が測定できる．簡便な測定方法であるが，バリア性の高いフィルムでは質量変化率が小さいため測定に難がある．

　等圧法は差圧法と比較して，装置内に湿気が存在する条件下においても測定が容易である．つまり相対湿度の異なる環境下におかれたフィルムの酸素等のガス透過性を測定することができる．また，フィルムが液体の水と接している場合のガス透過性の測定には，"電極法"が用いられる．

　カルシウム腐食法（Ca法）は，金属カルシウムが水分子と化学反応して無色の水酸化カルシウムへと変化することを利用した測定方法である．この検出方法には，透明スポット部のサイズや数から透過度を算出する腐食スポット方式，光線透過率や光学密度の変化を検出する光学特性方式，電気抵抗の変化を測定する電気特性方式の3種類がある．

4.2.2　圧力法

　差圧法の一つである圧力法 (manometric) によるガス透過度測定装置の概略を図4.20に示す．フィルムの片面（図では上側：高圧側）にガスを供給して圧力差によりガス透過を駆動し，フィルムの反対側（図では下側：低圧側）の容積を一定として，透過してきたガスによる圧力の増加を圧力センサを用いて計測する方法である（ISO15105-1, ASTM D1434M, JIS K7126-1 附属書1）．

　図4.20には，圧力計，真空ポンプ，バルブ，透過セルが示されており，透過セル中にはサンプルフィルムが圧力差により変形することを防ぐための支持台を置く．この支持台としては，濾紙，発泡セラミックスシート，金属メッシュなどが用いられる．

　測定の手順は，まず試験サンプルとして，しわ，折り目，ピンホールなどの欠点がなく，厚みが均一で材料を代表する部分を選び，測定する温度の条件下

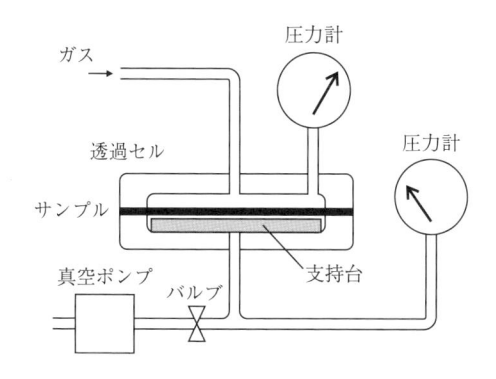

図 4.20 圧力法.

で 48 時間以上の前処理を施す.

次に,この試験サンプルを透過面積よりもやや大きめに切り出して,周囲を透過セルの接合面に挟んで,空気漏れが生じないように均一な圧力をかけて固定する.そして,初めに低圧側,次に高圧側を排気する(図 4.20 では高圧側の排気設備を省略した).

この状態で圧力計の指示に変化がなく,空気漏れがないことを確認したのち,低圧側のバルブを閉じて真空に保ったまま,高圧側に徐々に試験ガスを導入して測定を開始する.測定中は駆動力である差圧を一定に保ち,低圧側の圧力増加の変化率 dp/dt が一定値を示すようになったとき,次の算出式の値を透過度の評価値として採用する.

透過度 (GTR) の算出式としては

$$\mathrm{GTR} = \frac{V_\mathrm{c}}{A} \cdot \frac{1}{R \cdot T \cdot p_\mathrm{u}} \cdot \frac{dp}{dt} \tag{4.15}$$

が用いられる.ここで,V_c は低圧側の容積,A は透過面積,R は気体定数,T は試験温度,p_u は供給ガスの圧力,p は低圧側の圧力,t は時間であり,GTR の単位は $\mathrm{mol/(m^2 \cdot s \cdot Pa)}$ である.GTR の用語定義は規格によって異なることがあり,算出式と単位を合わせて確認する注意が必要である.

水蒸気透過度 (WVTR) 算出式としては

$$\mathrm{WVTR} = \frac{V_\mathrm{c}}{A} \cdot \frac{M}{R \cdot T} \cdot \frac{dp}{dt} \tag{4.16}$$

が用いられる.ここで,M は水の分子量 (= 18) であり,WVTR の単位は通常 $\mathrm{g/(m^2 \cdot day)}$ である.

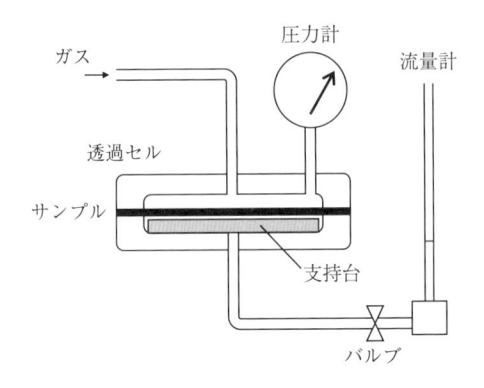

図 **4.21** 容積法.

これらの算出式の V_c/A には，支持台による低圧側の容積減少，および支持台とサンプルの接触による透過面積の減少を考慮した補正係数が入る．GTR の算出式と比べると，WVTR の算出式では圧力差が分母に含まれない．この圧力差でノーマライズをしない理由は，WVTR が実用に即した温度湿度の条件で測定されて，測定条件と合わせた WVTR 値で評価がされるためである．駆動力となる圧力差は，温度によって決まる飽和水蒸気圧に湿度（相対湿度）を掛けることによって条件毎に特定できる．

4.2.3 容積法

差圧法のもう一つの方法として容積法 (volumetric) があり，その概略を **図 4.21** に示す．圧力法と同様に，フィルムの片面（高圧側）にガスを供給する．そして，フィルムの反対側（低圧側）の圧力を一定として，透過してきたガスによる体積の増加を流量計を用いて計測する方法である (ASTM D1434V).

図 4.21 では，体積変化をキャピラリー中の液面移動で測定する方法を簡略化した形で示している．現在，主に石鹸膜流量計 (soap film flow meter) が用いられ，低圧側の一定圧力は大気圧とすることが多い．圧力法と同様に，ガス供給側との圧力差によりサンプルフィルムが変形することを防ぐための支持台が必要である．

透過度 (GTR) の算出式としては

$$\mathrm{GTR} = \frac{1}{A} \cdot \frac{1}{R \cdot T \cdot (p_\mathrm{u} - p_\mathrm{o})} \cdot \frac{dV}{dt} \tag{4.17}$$

表 4.5 ガス透過度試験法の ISO 規格と JIS 規格の対応.

ISO 規格	JIS 規格	試験法	
ISO 15105-1	JIS K7126-1	差圧法	圧力センサ法 ガスクロマトグラフ法
ISO 15105-2	JIS K7126-2	等圧法	電解センサ法 ガスクロマトグラフ法

が用いられる.ここで,p_o は低圧側の圧力,A は透過面積,R は気体定数,T は試験温度,p_u は供給ガスの圧力,V は低圧側の体積,t は時間であり,GTR の単位は圧力法と同様に $mol/(m^2 \cdot s \cdot Pa)$ である.

容積法で用いられる流量計は,微量なガス透過量の検出は困難であるが,透過流量が比較的多い高透過性材料の評価に適している.主に,分離膜,選択透過膜の評価に使われ,単体ガスの透過度測定と合わせて,混合ガスの透過度測定が行われる.

混合ガスの測定では,透過したガスの同定にガスクロマトグラフ (GC)(JIS K7126-1 附属書 2, JIS K7129C, ISO15106-4) や質量分析器 (GC-MS) が用いられている.

4.2.4 キャリアガス法

キャリアガス法は,試料を透過したガス分子を窒素やヘリウムなどのキャリアガスにより検出器まで運ぶことにより測定する.感湿センサ,赤外線センサ,電解センサ(クーロメトリックセンサ),ガスクロマトグラフ,質量分析計などの検出器を用いた装置が市販されている.

表 4.5 は酸素や CO_2 などのガス透過度の試験法に関する ISO 規格および JIS 規格の対応を示している.差圧法のガス透過度測定は一部修正されているが,等圧法については,ISO 規格と JIS 規格は一致している.

表 4.6 は水蒸気透過度の試験法の ISO 規格と JIS 規格との対応を示している.感湿センサ法,赤外センサ法,ガスクロマトグラフ法については,翻訳され JIS 規格が制定されているが,電解センサ法については,今のところ JIS 規格に入っていない.また,温度と湿度の試験条件など内容の一部が ISO/IEC Guide 21 に基づき修正されている.

表 4.6 水蒸気透過度試験法の ISO 規格と JIS 規格の対応.

ISO 規格	JIS 規格		試験法
ISO 15106-1	JIS K7129 A 法	等圧法	感湿センサ法
ISO 15106-2	JIS K7129 B 法	等圧法	赤外線センサ法
ISO 15106-3	—	等圧法	電解センサ法
ISO 15106-4	JIS K7129 C 法	差圧法	ガスクロマトグラフ法

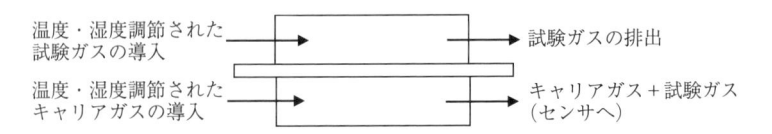

図 4.22 等圧法のガス透過試験装置の概略図.

(1) Mocon 法(等圧法)

等圧法による方法は米国 Mocon(モコン)社のガス透過試験機の測定原理であることから Mocon 法と呼ばれることが多い.酸素に関しては Mocon 社から OX-TRAN と呼ばれる装置が販売されている.この装置は電解センサ(クーロメトリックセンサ)を用いた方法である.水蒸気透過度に関しては,赤外線センサを用いた PERMATRAN と五酸化二リン(P_2O_5)を電解センサ (electrolytic detection sensor) として用いた AQUATRAN が販売されている.五酸化二リン (P_2O_5) センサを用いた装置としては,米国 Illinois(イリノイ)社から 7000 シリーズが販売されている.

図4.22 に電解センサを用いて酸素透過度を測定する装置の概略図を示す.透過セルは試験片によって分割されている.上部チャンバには温度・湿度が調節された試験ガスが導入される.下部チャンバには温度・湿度が調節されたキャリアガスが導入される.試験片を透過した試験ガス分子はキャリアガスによってセンサに運ばれる.

酸素透過用の電解センサは,グラファイトの陰極(カソード)とカドミウムの陽極(アノード)により構成されている.陰極と陽極の間には,水酸化カリウムが存在する.センサに入った酸素分子は,陰極で 4 個の電子を捕獲する.

$$O_2 + 2H_2O + 4e^- \rightarrow 4OH^-$$

この水素化イオンは,陽極でカドミウムと反応して水酸化カドミウムになる.

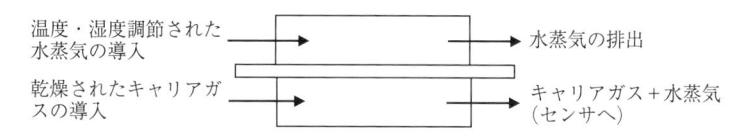

図 4.23 水蒸気透過試験装置の透過セルの概略図.

$$2Cd + 4OH^- \rightarrow 2Cd(OH)_2 + 4e^-$$

このようにして酸素1分子は，4個の電子に変わるので，酸素1モル（22.4 L at 0°C 760 mmHg）は4ファラデーに相当する（1ファラデー=96500 アンペア・秒）．すなわち，酸素1モルから3.86×10^5アンペア・秒が発生する．したがって，酸素1mLから24時間あたり1.99×10^{-4}アンペア発生する．

このように電解センサはFaradayの定理に従って，濃度に比例する出力が得られる．原理的にはこのセンサに1個の酸素分子が通過する毎に4個の電子を発生する．センサの基本的な効率が95〜98％であることがわかっていることから，本質的な基準となる方法であって，キャリブレーションを必要としないと考えられる．しかし，センサが損傷すること，および，老朽化によってその効率および応答性が損なわれることが考えられる．そのため，比較材料を用いて定期的にセンサを検定することが推奨されている．

酸素ガス透過度は次式を用いて計算される．

$$O_2 GTR = \frac{k(U - U_0)}{A} \times \frac{p_a}{p_0} \tag{4.18}$$

ここで，O_2GTRは酸素ガス透過度$[mol/(m^2 \cdot s \cdot Pa)]$，$U$は試験片の示す電圧[V]，$U_0$は電圧のゼロ点[V]，$k$は装置のキャリブレーション係数，$p_a$は測定環境の大気圧[Pa]，$p_0$は試験ガス中の酸素ガス分圧[Pa]，$A$は有効透過面積$[m^2]$である

実際には，電圧UおよびU_0には装置のキャリブレーション係数が含まれているので注意が必要である．また，電解センサで発生した電流は，電圧に変換されて測定される．

図4.23は水蒸気透過試験の透過セルの概略図である．水蒸気透過試験の装置も酸素透過の場合と同様の構成になっている．試験ガスが水蒸気であるため，センサとしては赤外センサ，五酸化二リン（P_2O_5）センサが用いられる．

赤外センサを用いた装置はPERMATRANと呼ばれており，ISO 15106-2 お

およびJIS K7129B法に準拠している．この方法では，標準試験片と測定対象の試験片の水蒸気透過度を測定する必要があり，水蒸気透過度は次式を用いて計算される．

$$\mathrm{WVTR} = \frac{S \times (E_\mathrm{S} - E_0)}{E_\mathrm{R} - E_0} \times \frac{A_\mathrm{R}}{A_\mathrm{S}} \tag{4.19}$$

ここで，WVTRは試験片の水蒸気透過度 $[\mathrm{g/(m^2 \cdot day)}]$，$E_0$ は乾燥空気を用いた装置のゼロレベル電圧 [V]，E_R：標準試験片を用いて測定された定常状態の電圧 [V]，S：標準試験片の水蒸気透過度 $[\mathrm{g/(m^2 \cdot day)}]$，$E_\mathrm{S}$ は試験片を用いて測定された定常状態の電圧 [V]，A_R は標準試験片の透過面積 $[\mathrm{m^2}]$，A_S は試験片の透過面積 $[\mathrm{m^2}]$ である．

標準試験片とは水蒸気透過度の値が既知の試験片または，ISO 2528またはJIS Z0208によって水蒸気透過度が決定された試験片である．標準試験片の水蒸気透過度を定期的に（年1回または2回），チェックすることが推奨されている．

米国国立標準技術研究所 (National Institute of Standards & Technology: NIST) により認定された方法により作製された標準フィルムが市販されている．現在，水蒸気透過度については値の異なる次の4種類のフィルムが市販されている．

・NIST No.1 $16\mathrm{g/(m^2 \cdot day)}$
・NIST No.2 $3\mathrm{g/(m^2 \cdot day)}$
・NIST No.3 $0.2\mathrm{g/(m^2 \cdot day)}$
・NIST No.4 $0.04\mathrm{g/(m^2 \cdot day)}$

それらの表示値の精度は $\pm 5\%$ である．

水蒸気透過度の試験条件は，**表4.7** から選択することが推奨されている．下線のついた条件は，ISOにはなくJIS規格が制定された際に追加された試験条件である．

水蒸気透過度用の電解センサには，五酸化二リン ($\mathrm{P_2O_5}$) が用いられている．この原理は水分子が $\mathrm{P_2O_5}$ と接触すると分解することに基づいている．二つの電極に電圧を加えると分解された水分子の数に直接依存した電流を発生させる．

ISO15106-3では，水蒸気透過度を次式を用いて計算するように記載されている．

表 4.7 水蒸気透過試験の試験条件①.

試験条件	温度 [°C]	RH [%]
1	25 ± 0.5	90 ± 2
2	38 ± 0.5	90 ± 2
3	40 ± 0.5	90 ± 2
4	23 ± 0.5	85 ± 2
5	25 ± 0.5	75 ± 2
<u>6</u>	25 ± 0.5	$\underline{60 \pm 2}$
<u>7</u>	40 ± 0.5	$\underline{75 \pm 2}$

$$\mathrm{WVTR} = 8.067 \times \frac{I_\mathrm{S}}{A} \tag{4.20}$$

ここで，WVTR は試験片の水蒸気透過度 [g/(m²·day)]，8.067 は装置定数，I_S は試験片の定常状態の電流 [A]，A は試験片の有効透過面積 [m²] である．

Mocon 社ではゼロレベルで測定された電流を差し引くことを推奨している．AQUATRAN の初期モデルの測定下限は 5×10^{-4} g/(m²·day) であったが，試料周辺からの水蒸気の侵入を窒素シールにより防止すること，センサのリークを抑えることにより，5×10^{-5} g/(m²·day) に 1 桁改善されている．OX-TRAN の場合と同様に，電解センサは原理的に校正を必要としないが，センサの劣化等のおそれがあるため，比較材料を用いた確認が必要と思われる．Mocon 社のリファレンスフィルムは，今のところ 0.008 g/(m²·day) までしか提供されていない．さらに透過度の低いリファレンスフィルムの開発が期待される．

(2) 感湿センサ法

感湿センサ法は，ISO 15106-1 および JIS K7129A 法で規定されており，L80-5000 型と呼ばれる装置が市販されている．感湿センサ法では低湿度チャンバ内に湿度センサが設置されているので，キャリアガス法ではないが，等圧法に分類される．

感湿センサ法では一定の湿度変化に要する時間を標準試料と比較している．例えば，**表 4.8** に示されている試験条件 1〜3 のように相対湿度差が 90％RH の場合には，次式を用いて各々の試験片の水蒸気透過度を計算する．

$$\mathrm{WVTR} = \frac{S \times T_\mathrm{R}}{T_\mathrm{S}} \times \frac{A_\mathrm{R}}{A_\mathrm{S}} \tag{4.21}$$

ここで，WVTR は試験片の水蒸気透過度 [g/(m²·day)]，S は標準試験片の

表 4.8 水蒸気透過度の試験条件②

試験条件	透過セルの温度 [°C]	相対湿度差 (A − B) [%]	高湿度チャンバの設定相対湿度 (A) [%]	低湿度チャンバの目標相対湿度 (B) [%]
1	25 ± 0.5	90	100	10
2	38 ± 0.5	90	100	10
3	40 ± 0.5	90	100	10
4	23 ± 0.5	85	100	15
5	25 ± 0.5	75	100	25

水蒸気透過度 $[g/(m^2 \cdot day)]$, T_R は標準試験片を用いて低湿度チャンバの相対湿度が初期レベル（9.9％または9.8％）からその最終レベル（10.1％または10.2％）までにかかる時間 $[s]$, T_S は試験片を用いて低湿度チャンバの相対湿度が初期レベル（9.9％または9.8％）からその最終レベル（10.1％または10.2％）までにかかる時間 $[s]$, A_R は標準試験片の透過面積 $[m^2]$, A_S 試験片の透過面積 $[m^2]$ である．赤外線センサ法と同様に，感湿センサ法についても標準試験片が必要である．

(3) ガスクロマトグラフ (GC) 法

ガスクロマトグラフを用いた評価法は，ガス透過と水蒸気透過の両方で規定されている．JIS K7126 の第 1 部附属書 2（ISO15105-1, Annex B）に差圧法のガスクロマトグラフ，JIS K7126 の第 2 部附属書 2（ISO15105-2, Annex B）に等圧式ガスクロマトグラフによる試験法が規定されている．また，JIS K7129 の附属書 C（ISO 15106-4）には，差圧法のガスクロマトグラフによる水蒸気透過度の測定法が規定されている．

差圧式ガスクロマトグラフ法は，**図4.24** に示すように，供給側を加圧または大気圧とし，フィルムの透過側を真空引きする．真空ポンプ側のバルブを閉め，計量管（サンプリングループ）にたまった試験ガスをキャリアガスによってガスクロマトグラフに導入して測定する方法である．

一方，等圧式ガスクロマトグラフでは，まず，**図4.25** のように試験片を透過した試験ガスはキャリアガスにより計量管に運ばれる．計量管にたまった総体積のガスをクロマトグラフのキャリアガスによりガスクロマトグラフに導入して測定する方法である．

ガスクロマトグラフ法の特長は次のとおりである．

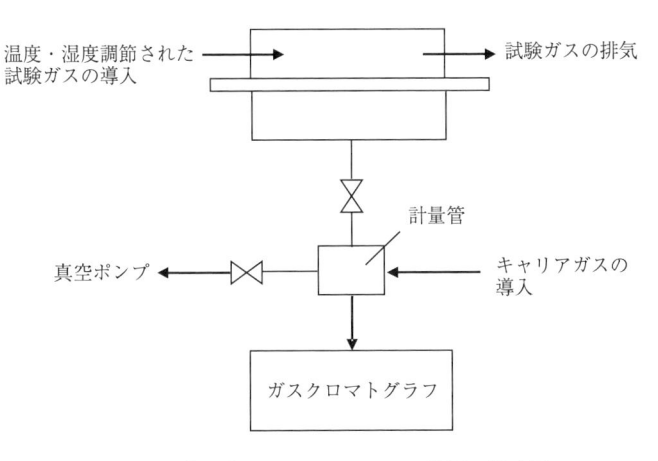

図 4.24　差圧式ガスクロマトグラフ装置の概略図.

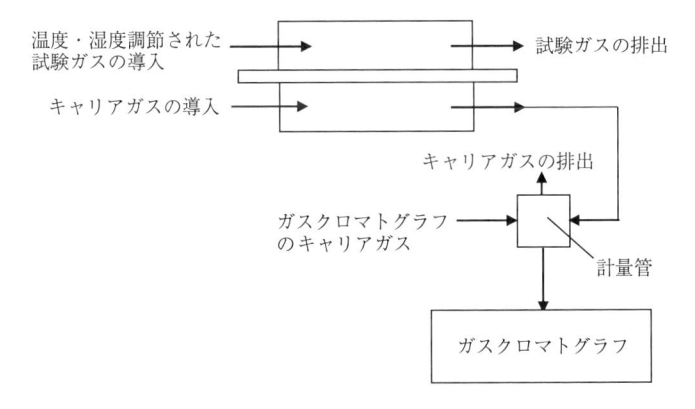

図 4.25　等圧式ガスクロマトグラフ装置の概略図.

・ガスクロマトグラフ法は，成分をカラムにて分離し定性・定量するため，単一ガスのみならず，混合ガスや水蒸気，液体等の透過測定に使用されている．
・水蒸気の透過はテストガスにより加湿を行い，任意の相対湿度状態を得ることが可能である．
・特別なセルを用いることで，ガソリンやアルコール等の蒸気の透過を測定できる．

(4) 質量分析 (MS) 法

質量分析計を用いた方法は，今のところ規格になっていないが，高感度な測定が期待できるので，次の方法が検討されている．

(i) 等圧法
(ii) 超高真空装置に接続された質量分析計を用いる方法
(iii) 質量分析計が接続された超高真空装置内に試験片で一方を覆ったガスセルを設置する方法

(i) は API-MS 法（大気圧イオン化質量分析法）を用いた評価法が提案されている．大気圧イオン化質量分析法の特長は，

・高感度（濃縮せずに検出限界：10 ppt，ppt：10^{-12}）
・イオン化部が大気圧で動作するため，試験ガスの直接導入が可能
・複数の成分の同時測定が可能

である．質量分析計において高感度化を図るためには，検出目的成分のイオン化量を増大させること（高能率イオン化）が必要になるが，API-MS では二段階のイオン化により高能率イオン化を達成している．キャリアガスとして窒素，アルゴンなどが利用され，理論上はこれらのキャリアガスよりイオン化ポテンシャルの低い不純物分子（H_2O，O_2，CO_2，有機物など）について高感度な検出が可能である．

効率的に不純物分子を大気圧下でイオン化することにより，キャリアガスを直接装置に導入することが可能になり，さらに質量分析計を組み合わせることで，不純物成分を定性的に測定することができる．

(ii) はフィルム材料を透過するガスの透過度を，質量分析計と高真空システムを用いることで極めて高感度に評価する方法である（**図 4.26**）．水蒸気ガスをキャリアガスにより窒素トラップに運んだ後，窒素トラップを昇温し脱離した水蒸気を超高真空の質量分析計で測定する方法もある．

質量分析計によるガス透過測定の最も重要なメリットは，試験ガスの種類によらずに測定できることである．質量分析計で検出できる全てのガスの透過を測定できる．これらは水蒸気や酸素だけでなく，水素，二酸化炭素，窒素，希ガスを含んでいる．もう一つのメリットは，サンプルを透過する混合ガスの透過を同時に，同じセンサで測定できることである．それゆえ，バリアサンプル中のいろいろな透過ガスの相互作用を調べることができる．

質量分析計による評価法のデメリットは，高感度な測定のために複雑な装置

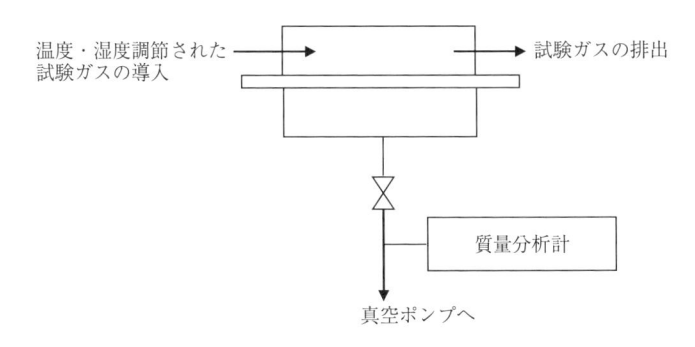

図 4.26 質量分析計と高真空系を組み合わせた装置 (ii) の概略図.

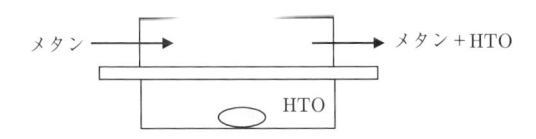

図 4.27 トリチウム法の透過セルの概略図.

が要求されることである.そのため,装置が非常に高価である.

(5) トリチウム法（放射線同位体法）

試験に用いる水を通常の水から,重水素 (D) やトリチウムで置換された水分子に変えることにより,残留湿度や周囲の雰囲気からのバックグラウンドを著しく低減することができる.

ほとんどの試験ではトリチウム水が使用されているので,この透過試験はトリチウム法と呼ばれている（**図 4.27**）.試験片を透過する水蒸気からの放射線をシンチレーション検出器またはフォトダイオードを用いて検出することで,正確な測定が可能になる.装置の基本的な構成は Mocon 法の装置と同様であるが,キャリアガスとしてはメタンが用いられている.

この方法を用いることで $10^{-7}\,\mathrm{g/(m^2 \cdot day)}$ レベルの測定が可能としている.最も高感度な測定法であるが,放射線を用いるため,測定可能な施設は限られる.トリチウムを用いた場合には湿度を調整することが困難なため,100％RH の条件で行われている.

4.2.5 カルシウム法

カルシウム法は，金属カルシウムと水の化学反応を利用した水蒸気透過度(WVTR)の測定方法である．カルシウム腐食法やカルシウム反応法 (Calcium Corrosion test, Calcium Degradation test) などと呼ばれることもあるが，近年ではこの評価法の普及とともに単にカルシウム法 (Calcium test) と呼ばれることが多くなってきた．

原理は単純で次式で記述されるカルシウムと水の反応によって生じる水酸化カルシウムの量から透過した水の量を評価する．

$$Ca + 2H_2O \rightarrow Ca(OH)_2 + H_2$$

考え方はカップ法で吸湿剤として塩化カルシウムなどを用いているところに金属カルシウムを用いていることと同じであるが，カップ法に比べて微量な水分量を評価することを目的としているため，重量の変化ではなく金属カルシウムが水酸化カルシウムに変化することで生じる種々の変化を観察し，透過してきた水の量を算出することになる．

その水酸化カルシウムの量を評価する主な方法として，カルシウム膜の水酸化カルシウムへの反応面積を評価する方法，カルシウム膜の光透過率を評価する方法，カルシウム膜の電気抵抗を評価する方法，の三つが多く用いられている．

測定の大まかな手順は，
①カルシウム膜を製膜する．
②試験用セルを作製する．
③試験用セルに所定の恒温恒湿処理を施す．
④試験用セルのカルシウム膜の状態を評価する．
⑤以下③④の手順を繰り返す．

という流れになっている．このように評価に際して，プローブであるカルシウムを組み込んだセルを構成してサンプル評価するため，評価装置を占有することなく，測定時毎に取り出して評価するため，同時に複数のサンプルを評価することができる．

カルシウム膜の水酸化カルシウムへの反応面積から WVTR を測定する方法は，反応面積 $A_{Ca(OH)_2}$ とはじめのカルシウム膜の面積 A_{Ca} およびそれらの膜

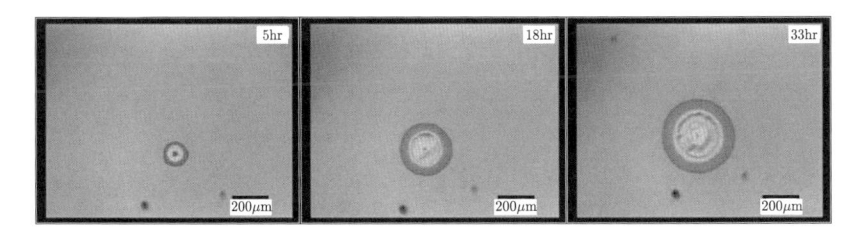

図 4.28 恒温恒湿処理時間に伴うカルシウム反応部の広がり．各時間の写真の中央部分付近が水酸化カルシウムに反応した部分である．

(a) 光を透過させてカルシウム膜の様子を観察するセル．

(b) 光を反射させてカルシウム膜の様子を観察するセル．

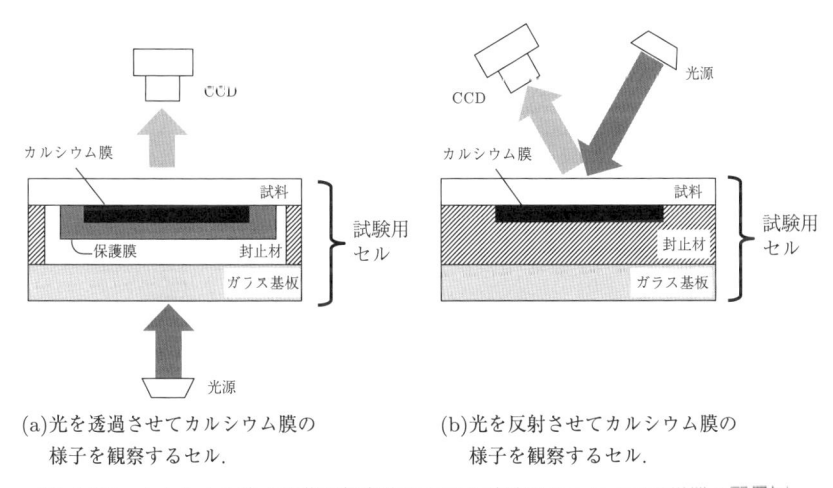

図 4.29 カルシウム法の面積評価方法における試験用セルおよび検出器の配置図．

厚 h から算出することができる．その算出式は

$$\text{WVTR} = \alpha \times 2 \times \frac{M_{\text{H}_2\text{O}}}{M_{\text{Ca(OH)}_2}} \times \frac{\delta A_{\text{Ca(OH)}_2} \times h \times \rho_{\text{Ca(OH)}_2}}{A_{\text{Ca}}} \times \frac{1}{\delta t} \quad (4.22)$$

ここで，M は分子量，ρ は密度，t は時間であり，δ のついた量が時間と共に変化する．この式は図 4.28 のように水蒸気の侵入に伴い水酸化カルシウムの面積が時間に比例して広がることから，透過してきた水がカルシウムと反応し水酸化カルシウムとなることを示している．

実際の測定の場合，図 4.29(a) の光を透過させてカルシウム膜の様子を観察するセルや，(b) の光を反射させて観察するセルなどを顕微鏡や CCD などで観察する．その際カルシウム膜の状態を撮影し，撮影画像を解析することで水酸

化カルシウムの面積を測定する．時間とともに変化する部位の面積を反応と見なすことでWVTRを算出する．反応部の数はカルシウム膜の全体の様子から観察し，各反応部それぞれの面積は拡大して観察することで，面積をより正確に算出することができる．

　光を透過させる方法は，サンプルの着色などの影響を受けづらいが試料のしわなどのひずみの影響で，水酸化カルシウムの面積をうまく測定できない場合がある．逆に反射により撮影する場合はサンプルと検出器の距離を制御することでひずみの少ない画像を得ることが可能である．しかしながら着色の強いサンプルなどは反射光が十分に得られず，カルシウムの反応状況を正確に評価できない場合がある．

　また，金属カルシウムと水酸化カルシウムはそれらの密度が異なるため，反応により体積が変化する．そこで正確な水酸化カルシウムの生成量を評価する場合には補正係数 α を考慮する必要がある．

$$\alpha = \frac{M_{Ca(OH)_2}/\rho_{Ca(OH)_2}}{M_{Ca}/\rho_{Ca}} \tag{4.23}$$

カルシウム膜は蒸着により作製するため，その蒸着条件により金属カルシウムや反応後の水酸化カルシウムの密度は変化する．そのため，式(4.23)中の密度 (ρ_{Ca} や $\rho_{Ca(OH)_2}$) が未知のパラメータとして残るが，膜の体積膨張がない場合が $\alpha = 1$，蒸着膜とバルク材料の密度差がない場合が $\alpha = 1.3$ であり，通常の蒸着膜であれば，α はその間の値となる．

　カルシウムの反応面積を測定する方法は，カルシウム膜をサンプルに直接蒸着するため，反応箇所からバリア膜の欠陥箇所を見つけることができる．すなわち高分子フィルムに無機物のバリア膜を形成したサンプルの場合，無機物のWVTRは高分子フィルムに対し何桁も小さいためバリア膜の欠陥部分から浸入する水が水蒸気の透過の大半をとなる．そこでカルシウムが反応した箇所の中央部分を解析することによりバリア膜の欠陥を見つけ，水蒸気透過の要因を解析する．

　欠陥解析は光学顕微鏡や走査型プローブ顕微鏡(SPM)や電子顕微鏡を用いることで，微小なバリア欠陥を解析することができる．SPMではバリア膜の不均一や脱落を見つけることができる．バリア膜にピンホールの様な欠陥があった場合，欠陥のサイズと水の透過量が比例する．バリア膜内部にひび割れなどがある場合は，SPMや走査型電子顕微鏡(SEM)で観察されるバリア欠陥サイ

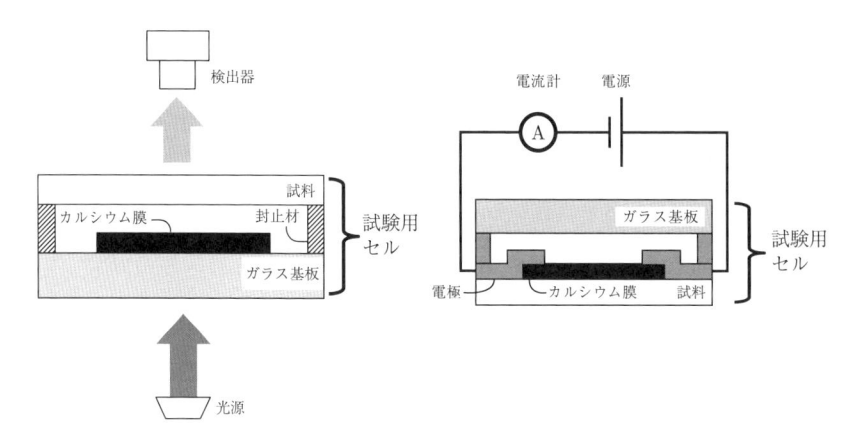

図 4.30 カルシウム法の光透過率評価方法における試験用セルおよび検出器の配置図.

図 4.31 カルシウム法の電気抵抗評価方法における試験用セルおよび検出器の配置図.

ズと水の透過量は比例しない．そこで集束イオンビーム加工装置 (FIB) などで欠陥部分を加工し，透過型電子顕微鏡 (TEM) にて観察することでバリア膜内部の欠陥を観察することができる．加えて，電子顕微鏡のエネルギー分散型 X 線分光法 (EDX) などを併用することでバリア膜内部の欠陥形状だけでなく，原因を解析することも可能となる．例えば，図4.17 はカルシウム法と TEM を用いたバリア欠陥の解析事例であり，バリア性低下の原因が異物であることがわかる．

カルシウム膜の光透過率を評価する方法は光の強度 (OD) の変化量から WVTR を測定することができる．

$$\mathrm{WVTR} = -2\alpha \times \frac{M_{\mathrm{H_2O}}}{M_{\mathrm{Ca}}} \times \rho_{\mathrm{Ca}} \times \frac{A_{\mathrm{Ca}}}{A_{\mathrm{Sample}}} \times \frac{\delta(\mathrm{OD})}{\delta t} \tag{4.24}$$

金属カルシウムは，光透過率が小さいのに対し，水酸化カルシウムは光透過率が著しく大きいため，光透過率の上昇が Ca 膜の減少，すなわち $WVTR$ を示している．実際の測定においては，**図4.30** に示すように評価セルに光を透過させて，透過強度を測定する．そのとき検出器の感度の問題やサンプル自体の光透過特性により光の強度の補正 α が必要である．そのため，標準サンプル等を用いて光強度と Ca 膜の厚さ変化に関する校正をする必要がある．

また光透過率で WVTR を測定する場合の評価セルは，サンプルに直接カル

シウム膜を蒸着する場合と，ガラス基板などにカルシウム膜を蒸着する場合の2通りのセル構成がある．いずれもセルの形成時にカルシウムの反応が進まないようにグローブボックスなど不活性の雰囲気下でセルを形成する必要がある．

サンプルに直接カルシウム膜を蒸着する場合，面積法と同様にカルシウム反応のスポットが発生する場合がある．そのため式 (4.24) の光の強度はサンプル面内の平均強度としてやる必要がある．そのため光源と評価セルの距離を調整し，平行光入射される様な条件にて測定をする．

一方，ガラス基板などにカルシウム膜を蒸着する場合は，サンプルからの水の脱離速度とセル内の雰囲気が平衡になる時間にずれが生じる場合がある．特にハイバリアのサンプルの場合，水の脱離速度によるカルシウム反応のずれは大きくなるため，より長時間の評価が必要となる．

カルシウム膜の電気抵抗を評価する方法は Ca 膜の電気抵抗率 R を評価することで WVTR を測定することができる．

$$\mathrm{WVTR} = -2\alpha \times \frac{M_{\mathrm{H_2O}}}{M_{\mathrm{Ca}}} \times \rho_{\mathrm{Ca}} \times \frac{A_{\mathrm{Ca}}}{A_{\mathrm{Sample}}} \times \frac{\delta(1/R)}{\delta t} \qquad (4.25)$$

ρ_{Ca} は，作製直後のカルシウム膜の導電率であり，抵抗変化とサンプルを透過してきた水分子の量と比例する．

電気抵抗で水蒸気透過度を測定する方法の特徴としては，図 **4.31** に示すように試験用セルと検出器である電流計を直接配線するため，水蒸気の透過の様子をリアルタイムで測定することができる．また光学的な測定をする必要がないため，着色があるサンプルや不透明なサンプルも測定することができる．

課題として，算出式がカルシウム膜と水酸化カルシウム膜の反応物の抵抗値が直列回路的な状況で反応が進んでいることを前提条件としているため，カルシウム膜の反応が不均一に進む場合などは正確な WVTR を見積もることができない．この問題はサンプルにカルシウムを直接蒸着したセル構成のときに生じやすい．実際の測定では，カルシウム膜の電気抵抗率はある時刻で急激に上昇するという現象も多く報告されている．このような場合では，式 (4.25) にて WVTR を算出するのではなく，カルシウムの膜厚と急激に抵抗率が上昇した時間から，その時刻でカルシウムの反応のパーコレーションが生じたと考え，WVTR を算出する方法が望ましい．また光透過率の評価方法と同様に，ガラス基板にカルシウムを蒸着するセル構成の場合はサンプルからの水の脱離速度による時間のずれの問題がある．

ガラス基板にカルシウムを蒸着するセル構成の場合，光透過率法と電気抵抗法を用いることで，カルシウム全面が徐々に反応する様子を評価できるが，このとき封止材部分からの水の浸入が測定のバックグラウンドとなる．このバックグラウンドはサンプルの代わりにガラス基板を両面に用いたセルを形成し測定することで評価することができる．すなわちこの方法を用いることで，封止材のようなバリアフィルム以外サンプルについて水の透過量を評価することも可能となっている．

4.2.6 カップ法

フィルムのバリア性を評価する方法の中で，最も簡易な測定方法がカップ法である．他の方法のように高額な装置を必要とせず，経済性が優れている．その用途は包装フィルムから建材まで多岐にわたり，JIS の規格も各種部材に則し，三つ規定されている．ここでは，フィルムを対象とした JIS Z 0208「防湿包装材料の透湿度試験方法（カップ法）」を参考にした概説を行う．

【カップ法を使用した JIS 規格】
・JIS A 1324「建築材料の透湿性測定方法」
・JIS K 7225「硬質発泡プラスチック—水蒸気透過性の求め方」
・JIS Z 0208「防湿包装材料の透湿度試験方法（カップ法）」

(1) 定義

カップに無水塩化カルシウムを入れ，測定対象の膜（フィルム）でカップに封をする（図 4.32(a)）．膜を透過した水蒸気はカップ内の塩化カルシウムに吸湿される．その際の塩化カルシウムの重量増加から水蒸気透過量を求める．JIS では測定時の温度条件は 25 °C もしくは 40 °C，相対湿度は 90 % と規定されている．また，透湿面積は 25 cm^2 以上と規定されている．

(2) 装置（図 4.33），測定手順

①カップを清浄にし，乾燥したのち約 30～40 °C まで温める．試験片の寸法はカップの内径より約 10 mm 大きい直径をもつ円形のものとする．

②吸湿材（無水塩化カルシウムの粒度は，標準ふるい 2.380 μm を通過し，590 μm にとどまるもの）を入れた硝子皿をカップに入れ，水平に保ったカップ台にのせる．このとき，吸湿材の表面はできるだけ平らにし，試験片の下面との距離が約 3 mm となるようにする．

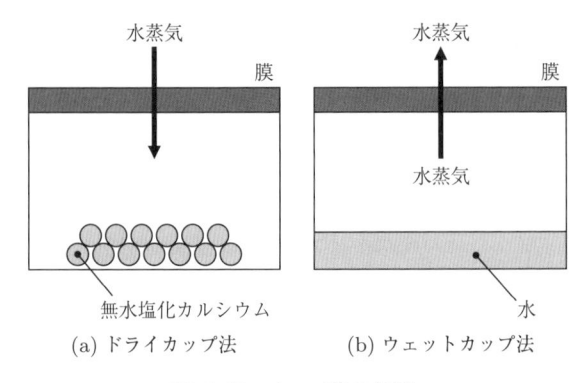

図 4.32 カップ法の概要.

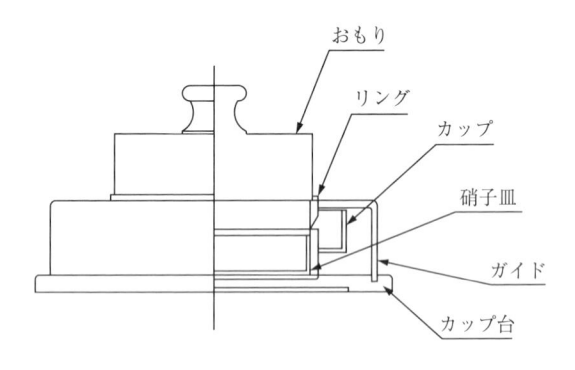

(a) ドライカップ法 — 無水塩化カルシウム
(b) ウェットカップ法 — 水

図 4.33 カップ法の装置.

(おもり, リング, カップ, 硝子皿, ガイド, カップ台)

③試験片をカップと同心円になるような位置にのせる.
④ガイドをカップ台の溝に合わせてかぶせる.
⑤ガイドに合わせて試験片がカップの上縁に密着するまでリングを図4.33 ように押し込み，その上におもりをのせる.
⑥リングが移動しないように注意してガイドを垂直に引き上げて取り除く.
⑦カップを水平に回転しながら，溶融した封ろう剤をカップの周縁の溝に流し込み，試験片の縁を封止する．この際，亀裂，あわなどの発生がないように注意する.
⑧封ろう剤が固化してから，おもりおよびカップ台を取り除き，封かん部分以外に付着した封ろう剤（カップの側面および底面など）は適当な溶剤を染み込ませた布により清浄して取り除く.

⑨作成した試験体（透湿カップ）を所定の試験温度に保持した恒温恒湿装置に保管する．

⑩16時間以上試験体を恒温恒湿装置中に保管した後，取り出して室温と平衡させ，化学天秤でその質量の測定を行う．試験片の外側に向いた面が吸湿性の大きい材料である場合には，試験体の恒温恒湿装置から取り出した後，直ちにカバーをして水分の変動をできるだけ少なくする．

⑪試験体（透湿カップ）を再び恒温恒湿装置内に入れ，適当な時間間隔でカップを取り出して秤量する操作を繰り返し，カップの質量増加の測定を行う．このとき，2つの連続する秤量でそれぞれ単位時間当たりの質量増加を求め，それが5％以内で一定になるまで試験を続ける．秤量の間隔は24時間，48時間または96時間とし，その質量増加は少なくとも5mg以上とする．また，カップに入れた吸湿材がその質量に対して10％の吸湿をする以前に試験を終了する必要がある．

⑫試料の透湿度が小さい場合，または試料に吸湿性がある場合には二つ以上のブランクカップを吸湿材を入れないで同じ操作で作製し，これを試験体に加えて同様に試験を行い，各時間間隔の試験体の質量増加をブランクカップの質量の平均値で補正することが望ましい．

(3) 算出

JISによると下記の式で透湿度の算出ができる．

$$透湿度 = \frac{240m}{A \cdot t} \tag{4.26}$$

ここで，Aは透湿面積 [cm^2]，tは試験を行った最後の2つの秤量間隔の時間の合計 [h]，mは試験を行った最後の2つの秤量間隔の増加質量の合計 [mg] である．

(4) ウェットカップ法

(1)〜(3)は一般的なカップ法でドライカップ法と呼ばれる方法だが，あらかじめ水をカップに入れ膜でカップに封をした後，透湿による水の重量減少を測定する方法もあり，ウェットカップ法（図4.32(b)）と呼ばれている．水のかわりに溶媒を入れるとその蒸気の透過度が評価できる．

4.2.7 電極法

フィルムを透過するガス分子が湿潤状態である場合や，フィルムが含水している場合にはファイルのガスバリア性は乾燥状態のときと比較して著しく異なる．等圧法の中でも，電極法はフィルムが水と接している場合のガスバリア性の評価の際に用いられる．ガス検出用電極の前にフィルムを固定し水中に浸漬させて，酸素，二酸化炭素の溶存ガスの透過性を測定することが可能である．

(1) 酸素

電極法による水中での酸素透過性評価の系統図を**図4.34**に示す．電極棒の先端には陰極としてPtを有している．また，陽極棒には絶縁体を挟んでAgを有している．試料充填部には，支持体としてアクリル板を置いた上にフィルムをのせる．もし，フィルムに延伸性がある場合や含水膜である場合は，電解液との濃度差が生じるため，フィルムは膨張または脱水してしまう．したがって，このような膜を測定する場合には，電解液と直接接触しないように疎水性のフィルムでラミネートしてセットする．そして，その上にゴムパッキンをのせて外管に装填する．

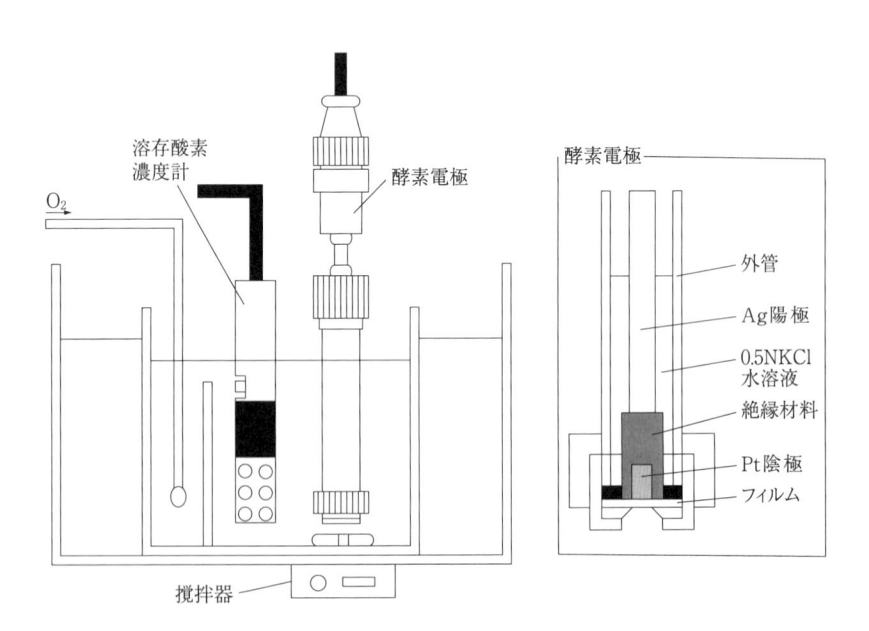

図 4.34 水中での酵素バリア性測定法の概略図．

電極棒を挿入する外管は，電極液および浸漬する純水による腐食を防ぐためにステンレス製である．電極液には 0.5 N KCl 水溶液を用いており，測定の際には外管部分に封入する．これらを酸素電極の陰極および陽極に接続し，電圧をかけて電解反応を生じさせ，そのとき流れる電流値を読み取っていく．

ガスの透過プロセスにおいてフィルムを透過してきた酸素は，陰極で還元され，

$$O_2 + 2H_2O + 4e^- \rightarrow 4OH^-$$

の反応が起きる．一方，陽極棒では，

$$4Ag^+ + Cl^- \rightarrow 4AgCl + 4e^-$$

の反応が起きる．フィルムと陰極の密着が良好であれば，フィルム中の酸素の拡散速度に比べて電解質中の拡散速度が極めて大きいため，フィルム中の拡散速度が律速段階となる．この条件の下で生じる電流量を測定することで透過する酸素量を測定することができる．

測定時において電極の陰極部における酸素濃度が時間的に変化しており，最終的に定常状態に達する．この定常状態に達した $t = \infty$ のときの電流 $i_\infty (\mu A)$ は，次式で表される．

$$i_\infty = N \cdot F \cdot A \cdot D \left(\frac{C_1}{l}\right) = N \cdot F \cdot A \cdot P \left(\frac{p_1}{l}\right) \tag{4.27}$$

ここで，N は反応に関与する電子数であり，酸素の場合は 4 である．F は Faraday 定数，$A\,[\mathrm{cm}^2]$ は陰極面積，$D\,[\mathrm{cm}^2/\mathrm{s}]$ は拡散係数，$C_1\,[\mathrm{g/cm}^3]$ は膜中の酸素濃度，$l\,[\mathrm{cm}]$ はフィルムの厚さ，$p_1\,[\mathrm{cmHg}]$ は供給側の圧力である．

したがって透過係数 $P\,[\mathrm{cm}^3(\mathrm{STP})\mathrm{cm}/(\mathrm{cm}^2 \cdot \mathrm{s} \cdot \mathrm{cmHg})]$ は次式で表される．

$$P = \frac{i_\infty \cdot l}{N \cdot F \cdot A \cdot p_1} \tag{4.28}$$

(2) 二酸化炭素

電極法による水中での二酸化炭素透過性評価は二酸化炭素電極を用いた図 4.35 に示す装置を使用する．この装置は液液透析と同様の原理である．透過セルは左右の一対のガラス製の容器からなり，この間にフィルムを挟み固定する．pH type 二酸化炭素電極をセンサとして用いる．炭酸電極をセットする側の透過セルは O リングなどを用いて気密に固定する．もう一方のセルにガス

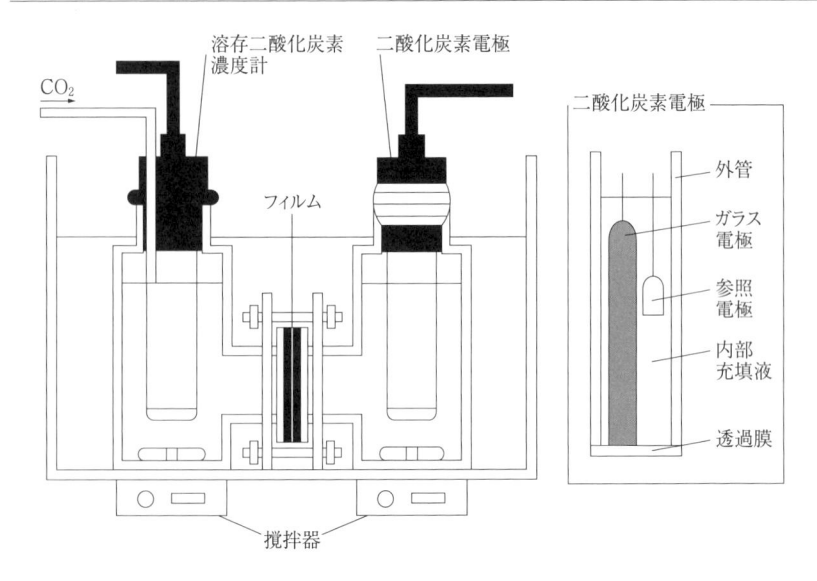

図 4.35 水中での二酸化炭素バリア性測定法の概略図.

導入を行う．この装置全体を恒温槽の中に置き撹拌する．十分に脱気した水を透過セルに供給し二酸化炭素電極をセットし，ついで窒素ガスを導入し透過側の二酸化炭素濃度を下げる．二酸化炭素濃度が下がり次第，窒素ガスの導入をやめて炭酸ガスの導入を開始する．

ガスの透過プロセスにおいてフィルムを透過してきた二酸化炭素には以下の化学平衡式が成立する．

$$CO_2 + H_2O \leftrightarrow H_2CO_3 \leftrightarrow H^+ + HCO_3^-$$

この式による解離定数 K は次式で表される．

$$K = \frac{[H^+][HCO_3^-]}{[CO_2]} \tag{4.29}$$

したがって，

$$\log K = \log[H^+] + \log[HCO_3^-] - \log[CO_2],\ pK = -\log K,\ pH = -\log[H^+] \tag{4.30}$$

であるから，

$$pH = pK + \log[HCO_3^-] - \log[CO_2] \tag{4.31}$$

となる．フィルムを透過した二酸化炭素は pH を減少させる．電極の $\mathrm{HCO_3^-}$ の濃度は一定に保たれているから，$pK + \log[\mathrm{HCO_3^-}]$ が一定となる．したがって，電極内溶液中では

$$pH = \mathrm{const} - \log[\mathrm{CO_2}] \tag{4.32}$$

pH の変化は参照電極と電位の差でモニターされる．この電位差と二酸化炭素濃度の関係を使用する電極に対し校正曲線として事前に得ておく．次に，時間対電位差の曲線を実験的に得て，校正曲線と対応させて時間対炭酸ガス濃度の関係から透過曲線が得られる．実験で得られた図の直線部分の勾配 dC/dt を求めると，透過係数 $P\,[\mathrm{cm^3(STP)cm/(cm^2 \cdot s \cdot cmHg)}]$ は以下のようになる．

$$P = \frac{\left(\dfrac{dC}{dt}\right) \cdot V \cdot l}{A\left(p_0 - \dfrac{C_1}{\alpha}\right)} \tag{4.33}$$

ここで，$V\,[\mathrm{cm^3}]$ は透過側のセル中の水の体積，$p_0\,[\mathrm{cmHg}]$ は供給側の炭酸ガスの分圧，α はブンゼンの定数であり，$25\,°\mathrm{C}$ で $0.759/\mathrm{cmHg}$ である．

水に溶解している酸素，二酸化炭素のバリア性も，気相中と同じく溶解拡散機構によって透過していると考えで測定されている．そしてフィルムを透過してきたガスは，電極面で反応して定量的にイオンになるので，このイオンの運ぶ電気量を正確に測定することによって，ガスの透過量を検出し，バリア性を測定することができる．

電極法でガスバリア性を測定する場合，フィルムと水の界面に存在する動かない水の層による境膜抵抗がガスバリア性に影響を及ぼすこともある．フィルム自身の値を求めるにはこの水の層の影響を除かなければならない．実験的には厚さのことなるフィルムについて P を測定して厚さの逆数に対し P の逆数をプロットし，原点に外挿すれば両ガスともに算出できる．

索　引

■欧字・数字

AlOx 膜, 76
Al 膜, 76
Arrhenius の式, 5, 62
BET の式, 30
DSC, 153
DTA, 152
Faraday の定理, 173
Fick の法則, 5, 34
Flory-Huggins の格子理論, 50
GTR, 169
Hagen-Poiseuille 流れ, 5
Henry 型, 49
Henry の法則, 5, 43
Hooke 弾性, 115
IEC, 2
ISO, 2
Kelvin の式, 30
Knudsen 流れ, 7, 18
Lambert-Beer 則, 157
Langmuir 吸着, 53
Lennard-Jones の力定数, 50
Maxwell の式, 79
Maxwell モデル, 116
Mocon 法, 172
Newton 粘性, 115
OTR, 46
Poiseuille 流れ, 18
SiN, 75
SiO_2, 75
SiOx 膜, 74
TG, 150
TG 曲線, 151
T ダイ法, 14
van der Waals 体積, 61
van der Waals 直径, 61
Voigt モデル, 116
WLF 式, 122
WVTR, 11, 47, 169
Ziegler-Natta 触媒, 92

■あ行

アセタール化, 100
圧縮成形, 123
圧力法, 168
アニオン重合, 12
一次構造, 104
インフレーション法, 15
延伸ブロー, 136
延伸法, 124
エンタルピー, 50, 113
エントロピー, 51, 113
応力―ひずみ曲線, 147
遅れ時間, 41
押出成形, 14, 123

■か行

解重合, 103
化学気相蒸着, 15
化学蒸着, 127

架橋反応, 102
拡散係数, 11, 43
ガス, 17
ガスクロマトグラフ法, 176
可塑化パラメータ, 59
カチオン重合, 12
活性化エネルギー, 62
カップ法, 185
ガラス転移温度, 106, 144
カルシウム法, 180
カレンダー法, 124
感湿センサ法, 175
気孔率, 27
キャスティング法, 124
キャリアガス法, 171
吸収, 8
吸着, 8, 48
凝集エネルギー密度, 65
境膜抵抗, 191
屈曲試験, 148
屈折試験, 148
屈折率, 154
クラスター, 139
結晶化温度, 144
結晶化度, 12, 68
結晶性高分子, 13
ケミカルリサイクル, 103
原子間力顕微鏡, 145
原子層堆積法, 138
原子団寄与法, 61
高次構造, 104
国際電気標準会議, 2
国際標準化機構, 2

■さ行

差圧法, 44
酸素, 1
酸素電極, 189
酸素透過率, 46
示差走査熱量測定, 153
示差熱分析, 152
質量分析法, 178
射出成形, 14, 123
重縮合, 13
自由体積, 61
自由体積分率, 61
自由体積理論, 61
収着, 48
収着等温線, 49
重付加, 13
蒸気, 17
衝撃試験, 143
衝撃強さ, 146
蒸着, 12
水蒸気, 1
水蒸気透過度, 11, 47
静的粘弾性, 116
積層フィルム, 71
積分型透過曲線, 37
絶縁破壊, 159
相互作用パラメータ, 52
走査型電子顕微鏡, 145

■た行

耐アーク性, 159
対称性高分子, 114
耐電圧測定, 159
太陽電池, 1
ダイレクトブロー, 135

多孔材, 18
多孔度, 24
炭素繊維, 101
逐次重合, 13
定常状態, 37
電気抵抗率, 157
電極法, 188
テンター法, 129
透過型電子顕微鏡, 145
透過係数, 11, 43
透過度, 3
透過率, 11, 154
透過流束, 11
動的粘弾性, 116

■な行

ナノコンポジット, 12
軟化, 109
二元収着型, 50
二元収着機構, 53
二酸化炭素電極, 189
二次構造, 104
日本工業標準調査会, 8
熱可塑性樹脂, 14
熱硬化性樹脂, 14
熱重量測定, 150
粘弾性, 115

■は行

バリア度, 3
パリソン, 15
反射率, 154
半透性, 5
非 Fick 則, 78
非晶性高分子, 13

非対称性高分子, 114
非多孔材, 18
引張降伏応力, 143
引張試験, 143, 145
引張弾性率, 143
引張強さ, 143
引張破断伸び, 143
非定常状態, 37
微分型透過曲線, 40
表面拡散, 11, 25
表面拡散機構, 18
非連鎖重合, 84
封止材, 1
付加縮合, 13
複合流れ, 11, 27
物理蒸着, 127
フレキシブル基板, 1
ブロー成形, 15, 123
分解反応, 103
分子ふるい機構, 18
平均自由行程, 20
平均分子直径, 61
ペネトラント, 4, 166
ボーイング現象, 130

■ま行

マクロブラウン運動, 111
曲げ試験, 143
曲げ弾性率, 143
曲げ強さ, 143
未緩和体積, 53
ミクロブラウン運動, 112
毛管凝縮, 11
毛管凝縮機構, 18

■や行

融解温度, 144
有機 EL, 1
融点, 106
誘電正接, 160
誘電率, 160
溶解拡散機構, 11, 18
溶解性, 8
溶解性パラメータ, 65
溶解度係数, 11, 43
容積法, 170

溶融, 109

■ら行

ラジカル重合, 12
ラミネート加工, 125
立体配座, 104
立体配置, 104
リビングアニオン重合, 92
リビングカチオン重合, 90
連鎖重合, 12

Memorandum

Memorandum

一般社団法人 バリア研究会 (Japan Barrier Society)

バリアに関する科学および技術を専門に扱う学術研究団体として，同分野の基礎的研究およびその実際的応用の進歩を図ることにより，学術文化の発展に貢献することを目的としている．

2008年8月に明治大学教授の永井一清を中心とした産官学の有志により任意団体として創立，2010年7月に一般社団法人へと移行する．2011年8月には国際標準化機構（ISO）国内審議団体である日本プラスチック工業連盟に加盟するとともに独占禁止法の順守宣言を行う．2012年9月にはISO-TC61国際会議に日本代表団員を派遣している．

バリア研究会ホームページ http://barrier.or.jp/index.html

永井 一清（ながい かずきよ）

明治大学理工学部応用化学科　教授

1996年3月に明治大学大学院博士後期課程を修了後，信越化学工業（株），米国ノースカロライナ州立大学，豪州政府研究機関CSIROを経て，2002年4月に明治大学理工学部に助教授として着任，2007年4月より教授，現在に至る．バリア研究会会長，ISO-TC61でConvenor等を務める．

バリア技術 基礎理論から合成・ 成形加工・分析評価まで *Barrier Technology* 2014年3月10日 初版1刷発行 2024年4月20日 初版3刷発行	監修者　バリア研究会　© 2014 編著者　永井一清 発　行　**共立出版株式会社**／南條光章 東京都文京区小日向4-6-19 電話　03-3947-2511（代表） 〒112-0006／振替口座 00110-2-57035 www.kyoritsu-pub.co.jp 印　刷　錦明印刷 製　本　ブロケード

一般社団法人
自然科学書協会
会員

検印廃止
NDC 501.4
ISBN 978-4-320-04447-0　　Printed in Japan

JCOPY ＜出版者著作権管理機構委託出版物＞

本書の無断複製は著作権法上での例外を除き禁じられています．複製される場合は，そのつど事前に，出版者著作権管理機構（TEL：03-5244-5088，FAX：03-5244-5089，e-mail：info@jcopy.or.jp）の許諾を得てください．

■化学・化学工業関連書

www.kyoritsu-pub.co.jp **共立出版**

テクニックを学ぶ 化学英語論文の書き方 馬場由成他著	資源天然物化学 改訂版 秋久俊博他編集
大学生のための例題で学ぶ化学入門 第2版 大野公一他著	データのとり方とまとめ方 分析化学のための統計学とケモメトリックス 第2版 宗森 信他訳
わかる理工系のための化学 今西誠之他編著	分析化学の基礎 佐竹正忠他著
身近に学ぶ化学の世界 宮澤三雄編著	陸水環境化学 藤永 薫編集
物質と材料の基本化学 教養の化学改題 伊澤康司他著	走査透過電子顕微鏡の物理 (物理学最前線20) 田中信夫著
化学概論 物質の誕生から未来まで 岩岡道夫他著	qNMRプライマリーガイド 基礎から実践まで 「qNMRプライマリーガイド」ワーキング・グループ著
理工系のための化学実験 基礎化学からバイオ・機能材料まで 岩村 秀他監修	基礎 高分子科学 改訂版 妹尾 学監修
理工系 基礎化学実験 岩岡道夫他著	高分子化学 第5版 村橋俊介他編
基礎化学実験 実験操作法Web動画解説付 第2版増補 京都大学大学院人間・環境学研究科化学部会編	プラスチックの表面処理と接着 小川俊夫著
基礎からわかる物理化学 柴田茂雄他著	化学プロセス計算 第2版 浅野康一著
物理化学の基礎 柴田茂雄著	マテリアルズインフォマティクス 伊藤 聡編
やさしい物理化学 自然を楽しむための12講 小池 透著	"水素"を使いこなすためのサイエンス ハイドロジェノミクス 折茂慎一他編著
物理化学 上・下 (生命薬学テキストS) 桐野 豊編	水素機能材料の解析 水素の社会利用に向けて 折茂慎一他編著
相関電子と軌道自由度 (物理学最前線22) 石原純夫著	バリア技術 基礎理論から合成・成形加工・分析評価まで バリア研究会監修
興味が湧き出る化学結合論 基礎から論理的に理解して楽しく学ぶ 久保田真理著	コスメティックサイエンス 化粧品の世界を知る 宮澤三雄編著
第一原理計算の基礎と応用 (物理学最前線27) 大野かおる著	基礎 化学工学 須藤雅夫編著
溶媒選択と溶解パラメーター 小川俊夫著	新編 化学工学 架谷昌信監修
工業熱力学の基礎と要点 中山 顕他著	エネルギー物質ハンドブック 第2版 (社)火薬学会編
ニホニウム 超重元素・超重核の物理 (物理学最前線24) 小浦寛之著	NO (一酸化窒素) 宇宙から細胞まで 吉村哲彦著
有機化学入門 船山信次著	塗料の流動と顔料分散 植木憲二監訳
基礎有機合成化学 妹尾 学他著	